基礎超圖解！

初學者必備的**手作包聖典**

一次學會手作包 · 波奇包 · 布小物 · 縫拉鍊的實用技法

您是否也有過這樣的經驗呢？

在嘗試製作造型簡單的作品時，

發現有一堆自己無法理解的步驟，因此感到挫折！

本書匯集初學者最容易受到挫折的重點步驟，及小物製作的基礎教學，

讓新手也能安心地親手完成心愛的小物！

書中介紹作品包含直線車縫布小物、稍微有點難度的收納包、手提包，

全部的設計皆以基本款作品為主，除了自用也可作為送禮安排，

一起盡情揮灑手藝，完成喜愛的作品吧！

CONTENTS

布小物製作基礎　開始動手製作前，先來認識製作布小物用的材料與工具！

布料

製作布小物，首先最困擾的就是如何選布。雖然基本上只要選擇自己喜歡的布料即可，但是在製作包包與收納包時，較建議使用富有韌性的布料與能以熨燙定型的素材。若使用較柔軟的素材當作表布，則需要使用接著襯補強。本書將在此介紹幾種較常見的布料以作參考。

印花棉布
棉質印花布為最受歡迎的布料且處理方便。雖然縫合處多少會有彎曲現象，但比素色布料不明顯。薄～普通厚的印花棉布適合製作收納包、布小物或是當作裡布。

府綢
Y領襯衫常用的平織布料。有良好的光澤感與強度。建議用來製作收納包和布小物，或當作裡布。

棉麻帆布
雖然都稱為帆布，但棉麻帆布多指比一般帆布更薄且輕的帆布料。用途相當廣。

帆布
原本是用來製作船帆的布料。為厚質、韌性與強度高的平織布料。號數愈小愈厚，若使用家庭用縫紉機，建議選用11號左右的帆布，適合製作包包。

丹寧布
使用色經線與白緯線並以斜紋織織法織成的布料。若有標示6oz或10oz，數字愈小愈輕愈軟。圖中為直條紋丹寧布。

錢布雷（Chambray）
使用色經線與白緯線並以平織織法織成的布料。布面外觀特徵似霜降，用途廣泛。

雙層棉紗布
雙層棉紗布特徵為柔軟、觸感佳。雖然不適合用來製作包包，但可以用來製作較柔軟的盒子或收納容器。

實物印花布
印有寫實風格圖案的布料。使用時，最重要的重點在於善用圖騰的方向，單方向裁剪後再進行拼接便能拚出實物的圖案。

床單布
經緯線使用粗細相近或相同的織線，並以平織織法織成的布料。布紋較府綢略粗，色澤樸素。顏色種類豐富，可使用於多種用途。

Gingham格紋布
由白色與有色線構成，經緯間隔相同的格紋布。小格紋可當作素色布料使用，建議作為裡布。

直條紋布
條紋布。除了當作直條紋布使用之外，也可當作橫條紋布、斜紋布使用，每個方向都有其特色。使用時須考慮到條紋的粗細與作品設計的適切性。細條紋較便於當作裡布。

小碎花印花布
適合製作收納包、布小物等小作品的小碎花印花布料。也可用作裡布，或製作YoYo拼布與日本傳統正月裝飾的「玉飾」、綴飾等裝飾用品。

接著襯

所謂的接著襯指的是背面有可以熨燙熔解黏膠的芯材。也有不須使以熨斗熨燙的貼片款式。接著襯可加強布料的張力、防止形狀變形、補強易受力的部位等。雖然表面看不見接著襯,但其實是製作包包或小物時非常重要的角色。使用時,須配合目標作品的型態挑選適合的接著襯。

織布
基本材質為織布的接著襯。較容易貼於表布上,布附後的整體質感較柔軟。想作出漂亮形狀和補強表布時較適合使用此款接著襯。

不織布
由纖維互相交錯、未經過紡織的布狀接著襯。質感似和紙,有硬度與張力。適合製作包包。

接著鋪棉
附有黏膠的薄紙狀綿布接著襯。可撐起作品的膨度。適合製作收納型、包包等重視整體設計感的作品。

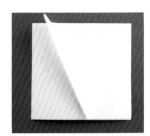

貼片
不須使以熨斗即可黏貼的接著襯。可作出適當的張力與膨度。適合用於貼合布料（laminate）與合成皮革等無法熨燙的素材。

接著襯…Aurusumama（日本vilene）

> 也有彩色的款式

彩色接著襯
布料背面有黏膠,使用方法與一般接著襯相同。除了可省去貼裡布的手續之外,也能與表布搭配色彩。

裡接著布
有直條紋或圓點等圖案、背面有黏膠的裡接著布。與彩色接著襯一樣,可省去貼裡布的手續。

彩色接著襯‧裡接著布…home craft

＜貼法＞

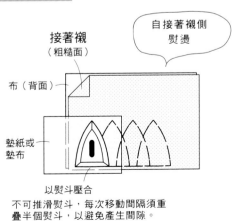

接著襯
（粗糙面）

> 自接著襯側熨燙

布（背面）

墊紙或墊布

以熨斗壓合
不可推滑熨斗,每次移動間隔須重疊半個熨斗,以避免產生間隙。

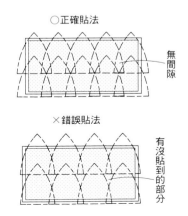

○正確貼法

無間隙

×錯誤貼法

有沒有貼到的部分

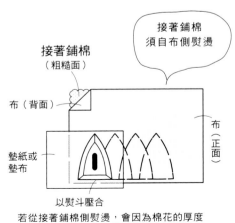

接著鋪棉
（粗糙面）

> 接著鋪棉須自布側熨燙

布（背面）

布（正面）

墊紙或墊布

以熨斗壓合
若從接著鋪棉側熨燙,會因為棉花的厚度導致傳熱效果不佳,所以須從布側熨燙。

工具

只要備齊以下的工具，初學者也能立刻動手製作小物。

描圖紙
用於繪製圖樣製作紙型，或是用於複製原寸紙型。

複寫紙
將複寫紙夾於布料中間，再搭配點線器使用，便能在布料上標註記號。

方眼尺
用來繪圖或標註縫份。

水消筆
用來在布料上標註記號。留在布上的墨水可以水清除。

針座‧珠針
不使用針時可將縫針或珠針等插於針座上。珠針用來固定對齊好的布料。

剪布剪刀
用來剪布。若用來剪紙或其他物品會造成刀片受損，所以須避免用來裁剪其他物品。

剪線剪刀
用來剪線。

剪紙剪刀
用來裁剪紙型等紙類物品。為紙類專用的剪刀。

點線器
與複寫紙一併使用，用來標註記號。

錐子
用於整理邊角、拆線等細膩的作業。

熨斗‧燙衣板
用來整理布料的皺褶或壓製摺線。使以熨斗時須於下方墊上燙衣板。

想要作出漂亮的形狀必須隨時進行整燙！

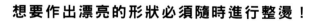

想要讓小物的外觀漂亮，其中一個訣竅就是必須隨時進行整燙。
每一個工程結束後都以熨斗整燙，便能作出筆挺的縫線。

●壓縫份

車縫後必須先熨燙過針腳。

將縫份倒向希望的方向後再壓平整燙。

●打開縫份

將縫份向兩側打開後再壓平整燙。

推薦的方便用工具

即使沒有下列工具也還是能進行作業，但若有這些工具會變得非常方便。

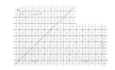

替代品

替代品

熨燙尺
使用耐熱材質、熨燙時使用的尺。想摺縫份時，只要將尺至於縫份邊緣再以熨斗整燙即可。

若無熨燙尺，可將厚紙板裁成長方形代替。於其中一側畫上相隔1cm寬的線條，就能代替尺的度量功能。

袖燙墊
原為服飾製作中用來燙衣袖的工具。但其實只要是圓筒狀的零件或細部都可以運用的好物。

若無袖燙墊可以毛巾來代替。只要將毛巾捲緊並稍微將兩端縫固定、避免其鬆脫即可。

熱接著雙面膠
有剝離紙的雙面膠。在製作帆布包或厚布質料的包包時，可以用來代替疏縫。

固定夾
可代替珠針的固定夾，適合用於帆布或厚布。也很適用於合成皮等針孔明顯的材質。

紙鎮
轉寫紙型時可使用紙鎮避免紙張移動。

拆線刀
用來拆除縫線。

線與針

車線與車針須配合布料選擇。
本書刊登作品皆使用#60車線與11號車針。

布	薄布 棉麻布、喬其紗、Boil與較容易受傷的薄布料等	普通 府綢、麻布、床單布、錢布雷（Chambray）、斜紋布、11號左右薄帆布等	厚布 8號以下的厚帆布、厚丹寧布等
車線	#90	#60	#30
車針	9	11	14

車線⋯Shapesupan（FUJIX）

選車線顏色的方法

車線的顏色須盡量選擇與布色相近的顏色。若是花布，且不知如何挑線色時，基本上只要選與底色相近的顏色，或花色中占最多面積的顏色即可。

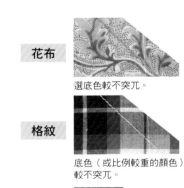

花布 選底色較不突兀。　花色也OK。

格紋 底色（或比例較重的顏色）較不突兀。　格紋中的紅或靛藍色也OK。

條紋 底色（比例較重的顏色）較不突兀。　條紋顏色（比例較少的顏色）便會成為設計感。

1

2

內有可放ok繃等
小物的口袋。

面紙包

使用少量布料便能製作的隨身用面紙包。
只須沿線將細長的布摺成目標形狀後再縫合兩側，
最後再翻回正面即可完成！

作法■P.10
製作…西村明子

內側。

3

4

布書衣

以花布裝飾的文庫本尺寸書衣。
單邊可配合書本厚度調整的方便設計。

作法 ■P.11

製作…西村明子

5

6

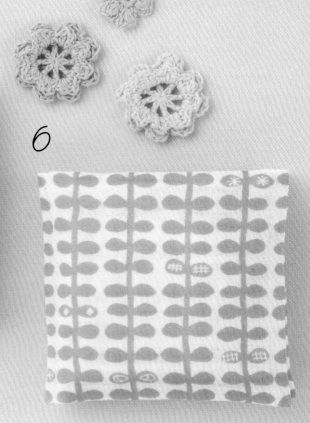

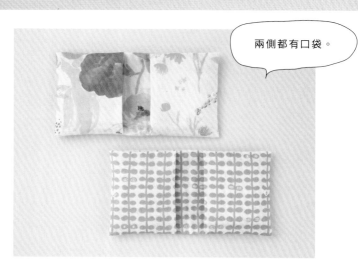

兩側都有口袋。

衛生棉包

使用雙層棉紗布製成的兩摺衛生棉包。
感覺像摺疊好的手帕,
可優雅地攜帶衛生棉。

作法■P.9
製作…渋澤富砂幸

P.8 *5·6* 衛生棉包

No.5·6材料（1件的用量）
・A布（雙層棉紗布　主體用）90×15cm
・塑膠按釦　直徑1cm1組

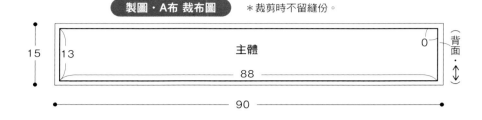

製圖・A布 裁布圖　＊裁剪時不留縫份。

15 ∣ 13　　主體　　0 （背面・↕）
88
90

作法　＊製作前先沿著布邊進行Z字形車縫。

① 製作主體

於摺山處標註記號

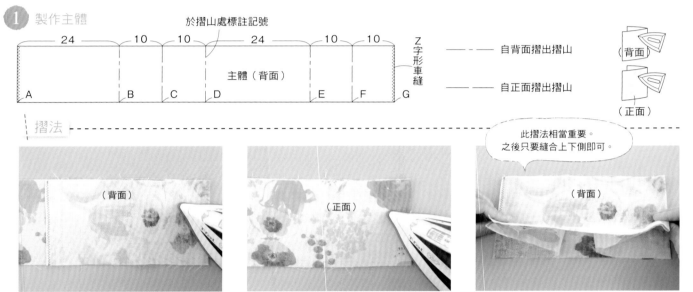

24　10　10　24　10　10

主體（背面）

A　B　C　D　E　F　G

Z字形車縫

―――― 自背面摺出摺山
―――― 自正面摺出摺山

（背面）
（正面）

摺法

此摺法相當重要。
之後只要縫合上下側即可。

1 自背面以熨斗摺出摺山。
2 自正面熨斗摺出摺山。
3 摺完全部摺山後的樣子。

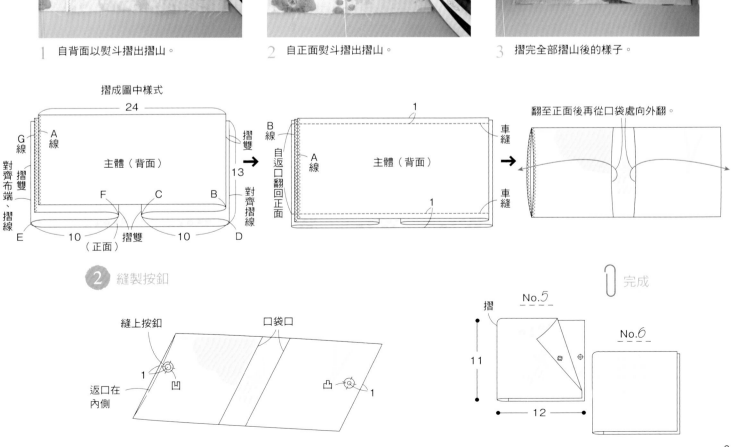

摺成圖中樣式
24

A線
G線
對齊布端、摺線
摺雙

主體（背面）

13

摺雙
對齊摺線

E　F　C　B　D
10　摺雙　10
（正面）

→

B線
A線

自返口翻回正面

1

主體（背面）

1

車縫
車縫

→

翻至正面後再從口袋處向外翻。

② 縫製按釦

縫上按釦
口袋口
1
凹
返口在內側
凸
1

完成

No.5
摺
11
12

No.6

＊裁剪時，須比指定尺寸多留1cm的縫份。

No.1 材料
・A布（條紋棉布　主體A用）20×50cm
・B布（印花棉布　主體B用）20×20cm

No.2 材料
・A布（印花棉布　主體A用）20×50cm
・B布（條紋棉布　主體B用）20×20cm

— · — · — 自背面摺出摺山
（背面）

— — — — 自正面摺出摺山
（正面）

B布 裁布圖
（背面・↕）

A布 裁布圖

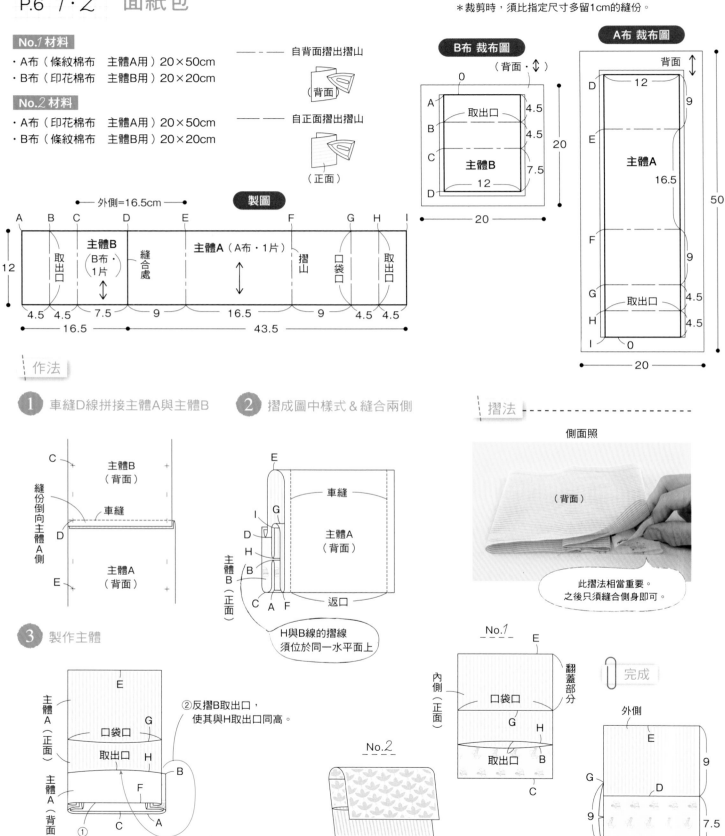

製圖

外側=16.5cm

主體B（B布・1片）

主體A（A布・1片）

作法

1 車縫D線拼接主體A與主體B

2 摺成圖中樣式＆縫合兩側

H與B線的摺線須位於同一水平面上

摺法

側面照
（背面）

此摺法相當重要。
之後只須縫合側身即可。

3 製作主體

②反摺B取出口，使其與H取出口同高。

①翻回正面

No.1

No.2

完成

外側

No.3 材料
· A布（條紋棉布　主體A用）65×20cm
· B布（花棉布　主體B用）15×20cm
· 混麻帶　0.8cm寬20cm

No.4 材料
· A布（素色麻布　主體A用）65×20cm
· B布（花棉布　主體B用）15×20cm
· 混麻帶　0.8cm寬20cm

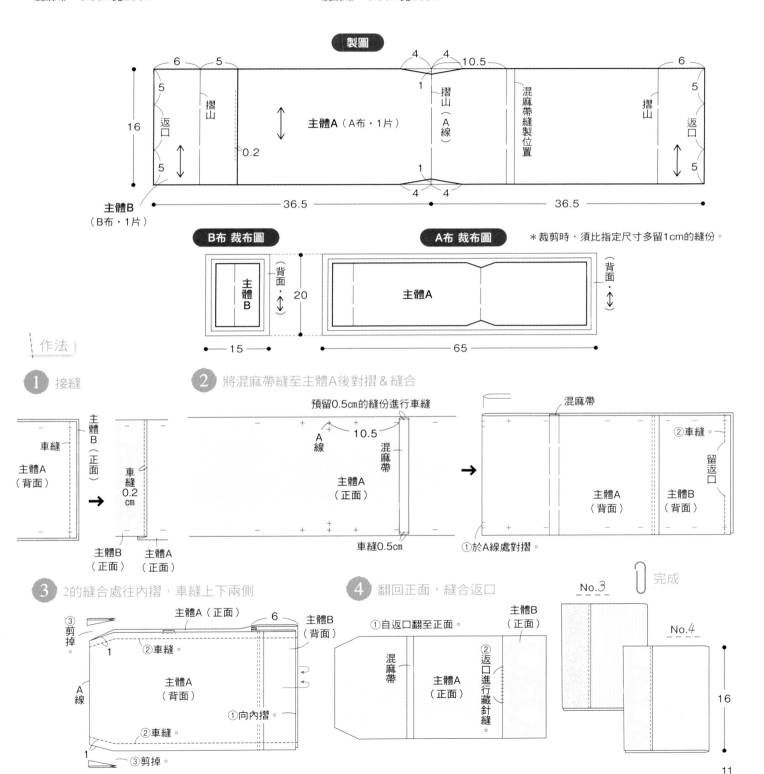

製圖

作法

① 接縫

② 將混麻帶縫至主體A後對摺＆縫合

③ 2的縫合處往內摺，車縫上下兩側

④ 翻回正面，縫合返口

完成

*裁剪時，須比指定尺寸多留1cm的縫份。

11

7

8

背面的花色與素色搭配
剛好相反

餐墊&杯墊

印花與素色的拼接組合十分清新，
雙面用餐墊&杯墊。

作法■P.14

製作⋯渋澤富砂幸
布料⋯COSMO TEXTILE
　　　印花布／RU2300　17B（粉紅）17C（薄荷）17D（灰）
　　　素色／AD10000　36（粉紅）65（水藍）84（灰）

9～2的背面為素色。

No.9與No.10是使用相同大小的印花布與素色布縫合而成。
No.11和No.12則縮小正面的印花布料，讓底部呈現出畫框感。
可作為雙面用餐墊&杯墊。

作法■P.14
製作…渋澤富砂幸

P.12・P.13 *7至12* 餐墊&杯墊

No.8・9・12材料（1件的用量）
・A布（印花棉布　表主體用）15×15cm
・B布（素色棉布　裡主體用）15×15cm

No.7・10材料（1件的用量）
・A布（印花棉布　表主體用）45×35cm
・B布（素色棉布　裡主體用）45×35cm

No.11材料
・A布（印花棉布　表主體）50×35cm
・B布（素色棉布　裡主體用）45×35cm

No.8・9A・B布的製圖・裁布圖

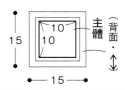

15　10　10　主體（背面・↕）　15

No.12 A布的製圖・裁布圖

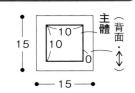

15　10　10　0　主體（背面・↕）　15

No.12 B布的製圖・裁布圖

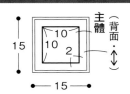

15　10　10　2　主體（背面・↕）　15

No.7・10A・B布的製圖・裁布圖

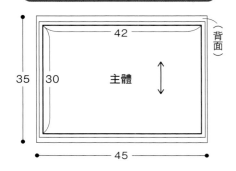

42　（背面）　35　30　主體　45

No.11 A布的製圖・裁布圖

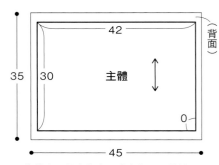

42　（背面）　35　30　主體　0　45

No.11 B布的製圖・裁布圖

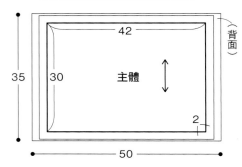

42　（背面）　35　30　主體　2　50

＊裁剪時，須比指定尺寸多留1cm的縫份

No.7・8作法　＊以No.8的杯墊進行解說。

重點在要移動縫線的位置

車縫
A布（背面）

1　A布與B布正面相對疊合，車縫兩側。

打開縫份
A布（背面）

2　以熨斗燙開縫份。

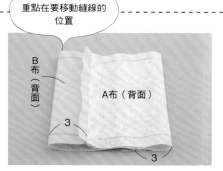

B布（背面）
A布（背面）
3
3

3　將縫線移至12cm處（No.7也是12cm）。

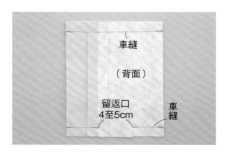

車縫
（背面）
留返口
4至5cm
車縫

4　車縫上下側並留下返口（返口的寬度只須手指能伸入即可）。

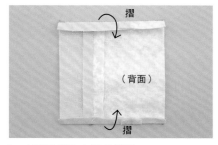

摺
（背面）
摺

5　以熨斗摺入上下的縫份。

摺
（正面）

6　將手指從返口處伸入壓摺四角的縫份並翻至正面。

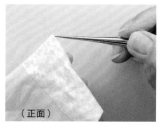

7 以錐子整理四角。

（正面）

8 以熨斗整理形狀。

（正面）

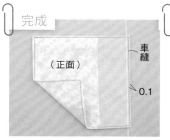

完成

（正面）

車縫
0.1

9 沿著布邊車縫
完成尺寸：10cm×10cm

完成

No.7的餐墊作法No.8與相同
完成尺寸：30cm×42cm

No.9・10作法 ＊以No.9的杯墊進行解說。- -

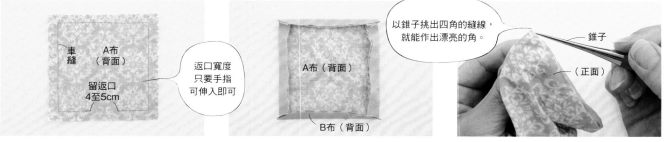

車縫 A布（背面）

留返口 4至5cm

返口寬度只要手指可伸入即可

A布（背面）

B布（背面）

以錐子挑出四角的縫線，就能作出漂亮的角。

錐子

（正面）

1 A布與B布正面相對疊合並車縫四邊。

2 以熨斗摺入四角。

3 從返口翻回正面，再以錐子整理四角的縫份（請參考No.8的製作方式）

A布（正面）

完成

A布（正面）

車縫
0.1

 完成

A布（正面）

4 以熨斗整理形狀。

5 車縫四邊
完成尺寸：10cm×10cm

No.10的餐墊作法No.9與相同
完成尺寸：30cm×42cm

No.11・12作法 ＊以No.12的杯墊進行解說。- -

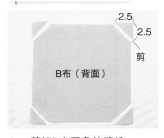

2.5
2.5
剪

B布（背面）

摺

B布（背面）

B布（背面）

1
cm

A布（正面）

1 剪掉B布四角的縫份。

2 以熨斗摺入四角。

3 以熨斗摺入4邊，各邊1cm。

4 放入A布。

A布（正面）

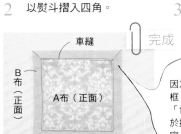

車縫

B布（正面）

A布（正面）

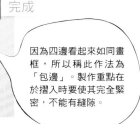

完成

因為四邊看起來如同畫框，所以稱此作法為「包邊」。製作重點在於摺入時要使其完全緊密，不能有縫隙。

完成

5 根據最後的完成模樣以熨斗將B布摺成邊框狀。

6 車縫B布邊緣
完成尺寸：10cm×10cm

No.11的餐墊作法No.12與相同
完成尺寸：30cm×42cm

13

15

14

束口包

直線縫製並穿過拉繩即可完成的
超簡單束口包。
No.14、No.15為束口上有打褶的款式。

作法▉13…P.18　14・15…P.19
製作…田丸かおり

手提束口包

有提把的束口包，
很適合臨時到附近使用或是搭配隨性的服飾。
下方看起來像竹籃的部分是以印花布製作。

作法■P.92
製作…金丸かほり

16

束口包

材料

- A布（花朵圖案棉布　表主體A用）30×50cm
- A布（素色棉布　表主體B・裡主體用）30×80cm
- 繩　粗0.3cm款共140cm

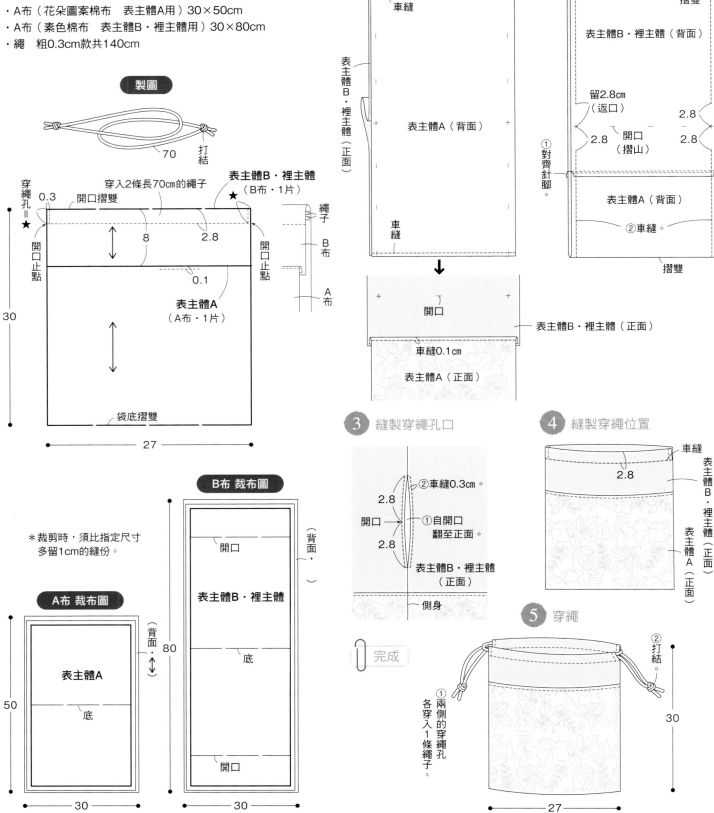

製圖

70　打結

穿繩孔＝★

0.3　開口摺雙

穿入2條長70cm的繩子

表主體B・裡主體（B布・1片）

繩子
B布
A布

開口止點

8　　2.8

開口止點

0.1

表主體A（A布・1片）

30

袋底摺雙

27

＊裁剪時，須比指定尺寸多留1cm的縫份。

A布 裁布圖

表主體A
底
（背面・↕）
50
30

B布 裁布圖

開口
表主體B・裡主體（背面・↕）
底
開口
80
30

作法

① 縫合表主體A與表主體B・裡主體

車縫
表主體B・裡主體（正面）
表主體A（背面）
車縫

開口
表主體A（正面）
車縫0.1cm
表主體B・裡主體（正面）

② 車縫兩側

摺雙
表主體B・裡主體（背面）
留2.8cm（返口）　2.8
2.8　開口（摺山）　2.8
①對齊針腳。
表主體A（背面）
②車縫。
摺雙

③ 縫製穿繩孔口

②車縫0.3cm。
2.8
開口　①自開口翻至正面。
2.8
表主體B・裡主體（正面）
側身

④ 縫製穿繩位置

車縫
2.8
表主體B・裡主體（正面）
表主體A（正面）

⑤ 穿繩

完成

①兩側的穿繩孔各穿入1條繩子。
②打結。
30
27

P.16 *14·15* 束口包

No.14 材料
- A布（素色棉布　表主體用）25×65cm
- B布（花朵棉布　裡主體用）25×40cm
- 繩子　粗0.3cm款共110cm
- 蕾絲　3cm寬共50cm

No.15 材料
- A布（蕾絲棉布　表主體用）25×55cm
- B布（素色棉布　裡主體用）25×30cm
- 繩子　粗0.3cm款共100cm

穿繩方法

穿過長50的繩子2條
55

50
55

打結

製圖

穿繩孔　0.3　　0.3　穿繩孔
2　　　　　　2

18
23

穿繩孔底　　　　　穿繩孔底

表主體（A布・1片）

底摺雙　　3

蕾絲（No.14）

6
繩子
1
A布
B布

18
21

12
17

裡主體（B布・1片）

底摺雙

18
21

尺寸
上段…No.15
下段…No.14

基本上返口都會位在側身線上或底部。此作品的穿繩孔尺寸應有達到返口的尺寸，可直接當作返口。

A布 裁布圖

7

背面

表主體

55
65

底

7

25

*裁剪時，須比指定尺寸多留1cm的縫份。

B布 裁布圖

背面

裡主體

底

30
40

25

作法

① 縫上蕾絲（No.14）

底
表主體（正面）
車縫
蕾絲

② 縫合表主體與裡主體

車縫
表主體（正面）
蕾絲
裡主體（背面）
車縫

③ 車縫兩側

摺雙
裡主體（背面）

① 縫份倒向裡主體側，對齊縫線。

4　　　4
4　　　4
開口（摺山）
表主體（背面）
蕾絲
② 車縫。
摺雙

④ 縫製穿繩孔口

裡主體（正面）
② 車縫0.3cm。
4
開口
① 自開口翻至正面。
4
表主體（正面）
側身

⑤ 縫製穿繩位置

2
車縫　2
表主體（正面）

⑥ 穿繩

① 自兩側穿繩孔各穿入1條繩子。

No.15

② 打結。

18

完成

No.14

23

21

19

17

18

內部

翻蓋包

在整理化妝品或藥品等小東西時很方便的小收納包。
滾邊與YoYo拼布裝飾使可愛度更加分！

作法 ■P.22

製作…酒井三菜子

包邊條（斜紋布）的製作方法…使用滾邊器製作寬幅統一的包邊條…

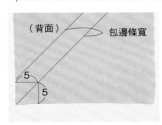

1 先在一角量出相同的長度後畫出對角線，接著再平行畫出所需寬度包邊條的兩邊。

2 沿著線條剪下包邊條。

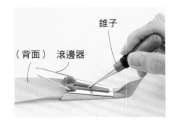

3 以錐子將包邊條的一端穿過滾邊器。

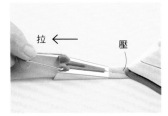

4 一邊拉動滾邊器一邊以熨斗壓出摺線。

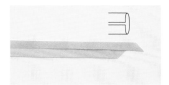

5 完成兩摺包邊條。

6 再以熨斗對摺作成滾邊。

推薦工具

滾邊器（18mm）…Clover可樂牌
以主布的零碼布製作寬幅統一的包邊條時相當好用的工具。

需要接縫包邊條時
（長包邊條的製作方法）

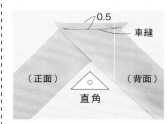

1 兩布正面相對疊合，留0.5cm的縫份後縫合。

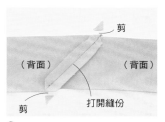

2 以熨斗燙打開縫份並剪去多餘的縫份。

包邊條的安裝方法…包覆布端時…

1 對齊包邊條與安裝邊的邊緣，並以珠針固定。

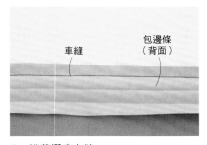

2 沿著摺痕車縫。

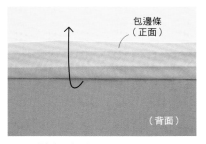

3 以熨斗反摺縫份。

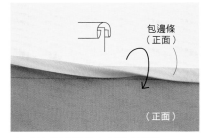

4 以包裹布邊的方式摺向正面。

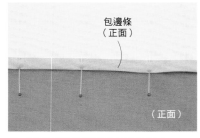

5 藏起車縫的縫線並以珠針固定。

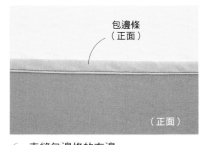

6 車縫包邊條的布邊。

No.*17*材料
- A布（條紋棉布　表主體・表口袋用）
　　35×25cm
- B布（碎花棉布　裡主體・裡口袋
　　・滾邊布・YoYo拼布用）50×50cm
- 接著鋪棉（Aurusumama MKM-1P
　表主體・表口袋用）35×25cm
- 按釦　直徑1cm 1組

No.*18*材料
- A布（素色棉布　表主體・表口袋用）35×25cm
- B布（條紋棉布　裡主體・裡口袋・滾邊布
　　・YoYo拼布用）50×50cm
- 接著鋪棉（Aurusumama MKM-1P
　　　表主體・表口袋用）35×25cm
- 按釦　直徑1cm1組

＊因為滾邊（包邊條）布為直線裁
　剪，未附原寸紙型，請自行製圖
　製成紙型。

YoYo拼布
（B布・1片）

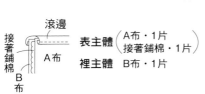

不留縫份

製圖・紙型　　　■=原寸紙型A面

滾邊（B布・1片）
不留縫份

約65　　3.5

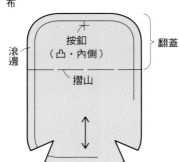

滾邊
接著鋪棉
A布
B布

表主體（A布・1片　接著鋪棉・1片）
裡主體　B布・1片

按釦
（凸・內側）

摺山

滾邊

翻蓋

表主體（A布・1片　接著鋪棉・1片）
裡主體　B布・1片

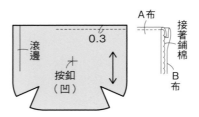

滾邊
0.3
按釦
（凹）

A布
接著鋪棉
B布

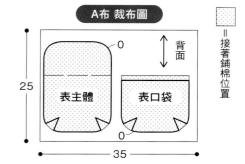

A布 裁布圖
背面
0
表主體
表口袋
25
0
35

= 接著鋪棉位置

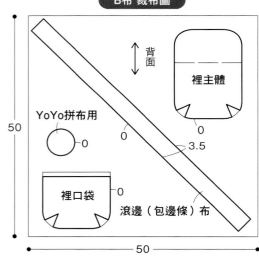

B布 裁布圖
背面
裡主體
YoYo拼布用
50
0　0　3.5
裡口袋
滾邊（包邊條）布
50

作法　＊製作前先貼上接著鋪棉。

 縫口袋摺線

暗線縫法請見P.73。

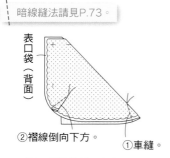

表口袋（背面）

②摺線倒向下方。　①車縫。

＊裡口袋摺線倒向上方

 疊合表裡口袋並車縫開口

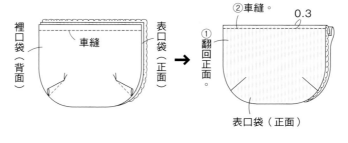

裡口袋（背面）　車縫　表口袋（正面）

②車縫。　0.3
①翻回正面。
表口袋（正面）

3 車縫表裡主體摺線

表主體（背面）

②摺線倒向下側
①車縫。

＊裡主體摺線倒向上方

4 疊合表裡主體，
口袋疊於裡主體上方後
縫合周邊

表主體（背面）

（正面）裡主體

（正面）表口袋

0.5

疊合對齊後車縫

5 製作滾邊布

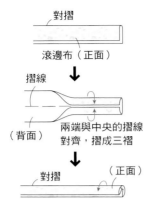

對摺

滾邊布（正面）

摺線

（背面）

兩端與中央的摺線
對齊，摺成三褶

對摺

（正面）

6 以滾邊布裝飾主體邊緣

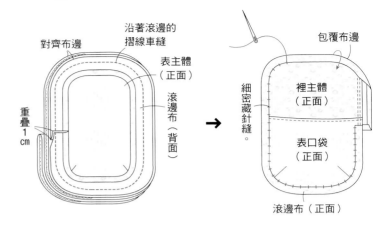

對齊布邊

沿著滾邊的
摺線車縫

表主體
（正面）

重疊1cm

滾邊布
（背面）

包覆布邊

細密藏針縫。

裡主體
（正面）

表口袋
（正面）

滾邊布（正面）

7 縫按鈕

包邊條的製作方法·縫製方法
請見P.21

裡主體
（正面）

按鈕（凸）

滾邊布（正面）

按鈕（凹）

表口袋
（正面）

完成

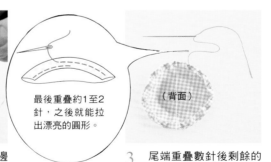

縫上YoYo拼布

2.5

No.17

15

13

No.18

YoYo拼布的製作方法 -

（背面）

1 裁布。

（背面）

2 疏縫布邊，進行時一邊
將布邊向內摺0.5cm。

最後重疊約1至2
針，之後就能拉
出漂亮的圓形。

（背面）

3 尾端重疊數針後剩餘的
縫線不須剪去。

拉

4 拉線。

用力拉緊

5 打結，注意不可讓線鬆脫、
整理形狀。

6 將針穿過中心以隱藏打結處。

7 剪線。

完成

便利的內口袋設計。

19

20

拉鍊包

基本款收納包。

寬度適宜並附有拉鍊，具有超群的實用與方便性。

No.19為碎花加蕾絲的少女款，

No.20則是作有裝飾布標設計的運動風款式。

作法■P.26

製作…田丸かおり

裝飾牌（20）…清原

須配合作品的長度與種類挑選拉鍊的長度。
若無理想長度的拉鍊時,可以選用稍長的拉鍊再作調整。

＊若需要調整拉鍊長度時,FLATKNIT拉鍊可藉由車縫調整。若是金屬或雙頭拉鍊則須請店家幫忙調整。

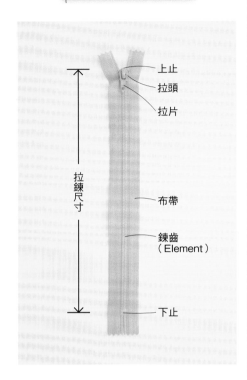

上止
拉頭
拉片

拉鍊尺寸

布帶

鍊齒
(Element)

下止

FLATKNIT拉鍊

將鍊齒織入布帶中、質感薄且柔軟的拉鍊。可直接以剪刀剪成所須長度後再車縫固定即可使用。

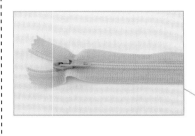

金屬拉鍊

鍊齒為金屬材質的拉鍊。適合使用在厚布作品上或是想醞釀出古典氛圍時使用。

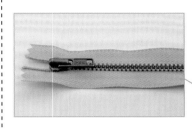

雙頭拉鍊

2個拉頭從中央向兩側開的拉鍊,方便開關。物品取放方便,適合用來製作後背包等物品。可從無上下止的拉鍊加工製成。

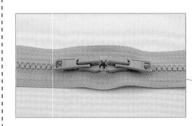

＊裁剪前請務必要先確認安裝尺寸。

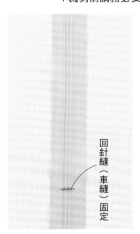

回針縫(車縫)固定

1 在使用尺寸位置車縫固定。

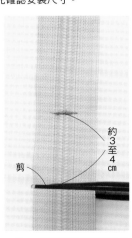

剪

約3至4cm

2 於縫線下方數公分處剪去多餘的部分。

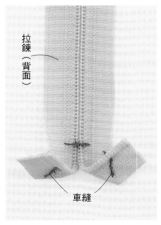

拉鍊(背面)

車縫

若不想與兩側的縫份太過緊密,可將布頭向內摺入後車縫固定。

挑選拉鍊顏色時,可挑選與用布相近的顏色以統一整體的設計感;或是選用能成為設計重點的對比色。使用花布時可以挑選花色中比例最多的顏色。至於米白色則是能搭配任何顏色布料的顏色,也很推薦使用。

P.24 *19・20* 拉鍊包

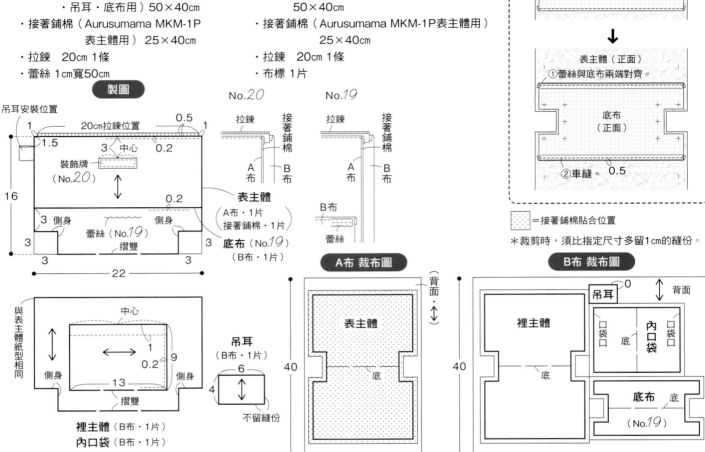

No.19 材料

- A布（印花棉布　表主體用）25×40cm
- B布（格紋棉布　裡主體・內口袋
  ・吊耳・底布用）50×40cm
- 接著鋪棉（Aurusumama MKM-1P
  表主體用）25×40cm
- 拉鍊　20cm 1條
- 蕾絲 1cm寬50cm

No.20 材料

- A布（素色棉布　表主體用）25×40cm
- B布（格紋棉布　裡主體・內口袋・吊耳用）
  50×40cm
- 接著鋪棉（Aurusumama MKM-1P表主體用）
  25×40cm
- 拉鍊　20cm 1條
- 布標 1片

No.19 底布・蕾絲的縫合方法

表主體（正面）
①摺。　②車縫。　0.2
底布（正面）

↓

表主體（正面）
①蕾絲與底布兩端對齊。
底布（正面）
②車縫　0.5

▨ =接著鋪棉貼合位置

＊裁剪時，須比指定尺寸多留1cm的縫份。

製圖

吊耳安裝位置
1　20cm拉鍊位置　0.5　1
1.5
3　中心　0.2
裝飾牌（No.20）
16
3　側身　　側身　3
蕾絲（No.19）
3　摺雙　3
3　3
22

No.20　拉鍊　接著鋪棉　A布　B布
No.19　拉鍊　接著鋪棉　A布　B布　B布　蕾絲

表主體（A布・1片　接著鋪棉・1片）
底布（No.19）（B布・1片）

與表主體紙型相同
中心
側身　1　0.2　9　側身
13
摺雙

裡主體（B布・1片）
內口袋（B布・1片）

吊耳（B布・1片）
6　4　不留縫份

A布 裁布圖

（背面）
表主體
40　　底
25

B布 裁布圖

吊耳 0　背面
裡主體　　內口袋　口袋　口袋　底
40　　底
底布（No.19）
50

作法

＊製作開始前先貼接著鋪棉。
＊N.20的裝飾牌可裝飾在
　自己喜歡的位置。
＊以No.20的杯墊進行解說。

車縫　1cm縫份　0.5

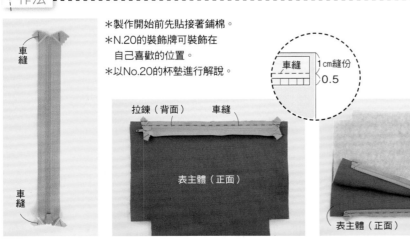
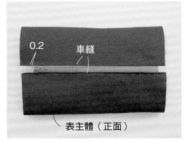

1 拉鍊兩端向內摺並車縫固定。

2 車縫表主體上的拉鍊安裝位置。

3 另一邊也要車縫拉鍊安裝位置。

4 車縫摺線邊緣。

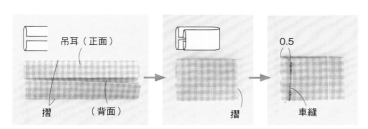

5 以熨斗摺出吊耳的形狀，並車縫布邊。

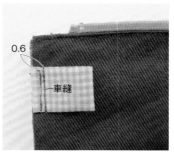

6 車縫表主體的吊耳安裝位置。

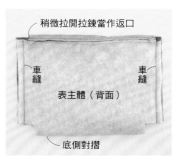

稍微拉開拉鍊當作返口

車縫　　車縫

表主體（背面）

底側對摺

7 表主體向內對摺，車縫兩邊。

藏針縫

8 以藏針縫開口側縫份的布邊。

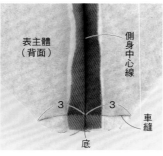

表主體（背面）　側身中心線

3　3

底　　車縫

9 抓住側身中心線與底縫出側袋身。

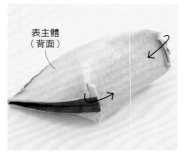

表主體（背面）

10 以熨斗將側身的縫份摺向底側。

車縫

內口袋（正面）

11 製作內口袋（請參考P.50）。

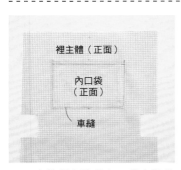

裡主體（正面）

內口袋（正面）

車縫

12 車縫裡主體的內口袋安裝位置。

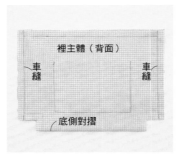

裡主體（背面）

車縫　　車縫

底側對摺

13 裡主體正面向內對摺，車縫兩邊。

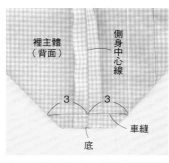

裡主體（背面）　側身中心線

3　3

底　　車縫

14 抓住側身中心線與底縫出側袋身。

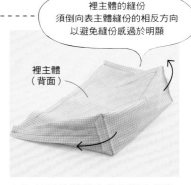

裡主體的縫份
須倒向表主體縫份的相反方向
以避免縫份感過於明顯

裡主體（背面）

15 以熨斗將側身縫份摺向側身方向。

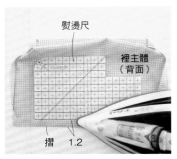

熨燙尺

裡主體（背面）

摺　1.2

16 以熨斗摺入開口處的縫份。

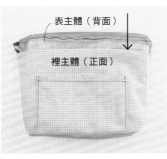

表主體（背面）

裡主體（正面）

17 將表主體放入裡主體中。

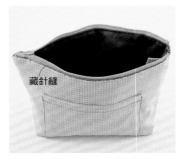

藏針縫

18 沿著拉鍊的車縫線以藏針縫縫裡主體。

完成

成品尺寸：
高13cm×長16cm×寬6cm

內部使用不同的布料，
打開瞬間有驚喜！

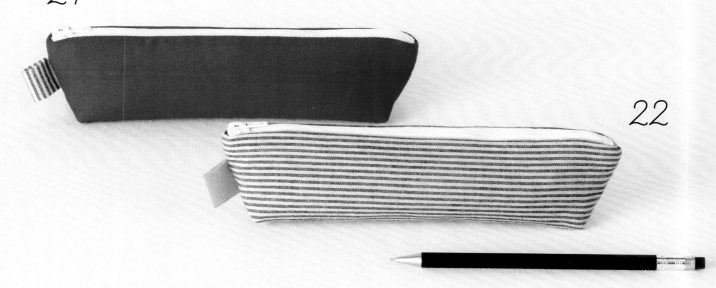

21

22

筆袋

裝飾上與裡袋同布的吊耳，
充滿色彩對比樂趣的筆袋。
基本作法與P.24的拉鍊包相同。

作法■P.30
製作…吉田みか子

23

24

將掛飾裝飾在拉片上，
開關更容易！

三角立體包

將長方形的零件縫合製成的
立體四面三角包。
在拉鍊的拉片裝飾上球球掛飾，
也是個低調的裝飾重點。

作法 ■ P.31

製作…西村明子

P.28 *21·22* 筆袋

☐ =接著鋪棉貼合位置
（僅A布）

No.*21*材料

- A布（素色棉布　表主體用）20×25cm
- B布（條紋棉布　裡主體・吊耳用）
　　　20×30cm
- 接著鋪棉（Aurusumama MKM-1P
　　　表主體用）20×25cm
- 拉鍊　20cm 1條

No.*22*材料

- A布（條紋棉布　表主體用）20×25cm
- B布（素色棉布　裡主體・吊耳用）20×30cm
- 接著鋪棉（Aurusumama MKM-1P
　　　表主體用）20×25cm
- 拉鍊　20cm 1條

| 作法 | ＊製作開始前先貼接著鋪棉。 |

製圖

表主體（A布・1片　接著鋪棉・1片）
裡主體（B布・1片）

吊耳安裝位置
20cm拉鍊位置
0.5　0.5　0.5
1.5
2
7 摺雙
2
側身　←→　側身
2　2
底部摺雙
2　2
21

拉鍊
A布　B布
接著鋪棉

吊耳（B布・1片）
6
4

A・B布 裁布圖
←→ 背面
主體
底
（僅B布）吊耳
0
20
30（B布）
25（A布）

6　1cm摺　（正面）
2
對摺
吊耳（B布・正面）

1 表主體安裝拉鍊

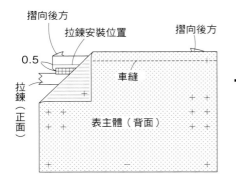

摺向後方
拉鍊安裝位置
摺向後方
0.5
車縫
拉鍊（正面）
表主體（背面）

表主體（背面）
0.5
拉鍊安裝位置
車縫
摺向後方

2 車縫表主體兩側

拉開拉鍊當作返口
②車縫。
①夾入吊耳。
表主體（背面）

3 車縫裡主體兩側

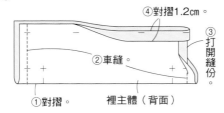

④對摺1.2cm。
②車縫。
③打開縫份。
①對摺。
裡主體（背面）

4 縫製側袋身＆摺向底側（裡主體也相同）

①打開縫份。
②對齊側身縫線與底部中央車縫。
表主體（背面）
③將側袋身摺向底側。
4

側袋身縫法請參考P.91。

5 裡主體與表主體進行藏針縫

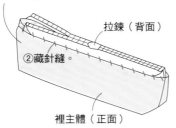

①裡主體翻回正面，與表主體重疊。
拉鍊（背面）
②藏針縫。
裡主體（正面）

| 完成 |

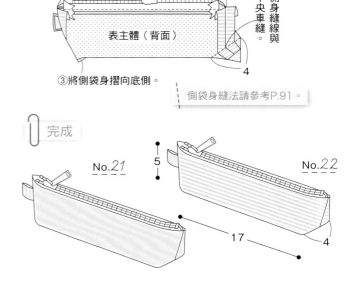

No.*21*
5
17
4
No.*22*

P.29 23·24 三角立體包

No.23材料

- ・A布（格紋棉布　表主體用）30×20cm
- ・B布（圓點棉布　裡主體・裝飾布用）
  30×20cm
- ・接著鋪棉（Aurusumama MKM-1P表主體
  ・裝飾布用）30×20cm
- ・拉鍊　20cm 1條
- ・蠟繩　粗0.3cm×長10cm

No.24材料

- ・A布（花朵棉布　表主體用）30×20cm
- ・B布（素色棉布　裡主體・裝飾布用）
  30×20cm
- ・接著鋪棉（Aurusumama MKM-1P表主體
  ・裝飾布用）30×20cm
- ・拉鍊　20cm 1條
- ・蠟繩　粗0.3cm×長10cm

＊拉鍊使用可自行裁剪的類型。

製圖

表主體（A布・1片　接著鋪棉・1片）
裡主體（B布・1片）

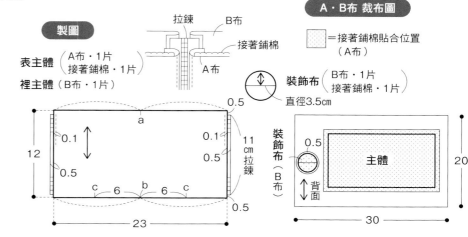

拉鍊　B布
接著鋪棉
A布

裝飾布（B布・1片　接著鋪棉・1片）
直徑3.5cm

A・B布 裁布圖

＝接著鋪棉貼合位置（A布）

＊裁剪時，須比指定尺寸多留1cm的縫份。

作法　＊製作開始前先貼接著鋪棉。

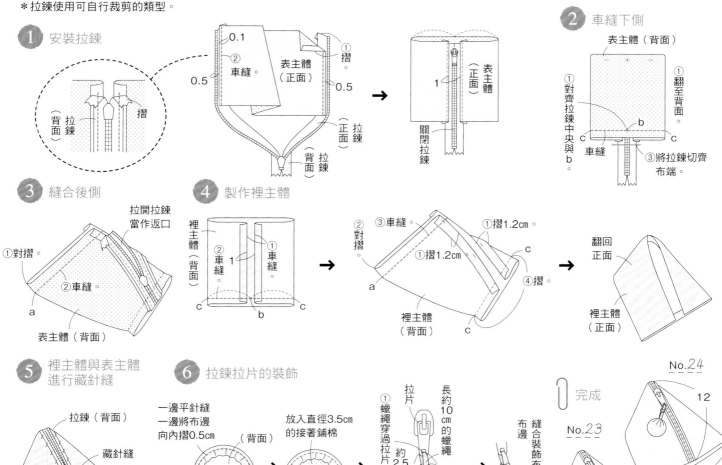

25

26

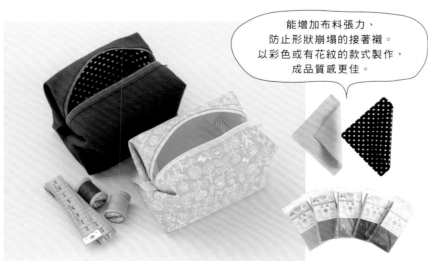

能增加布料張力、
防止形狀崩塌的接著襯。
以彩色或有花紋的款式製作，
成品質感更佳。

牛奶糖包

如同牛奶糖包裝，兩側呈摺疊狀的可愛收納包。
No.25與No.26分別為內貼黃色接著襯與點點裡
接著布的款式，兩者皆為單層款。

作法■P.33
製作…西村明子
彩色接著襯‧裡接著布（點點）…home craft

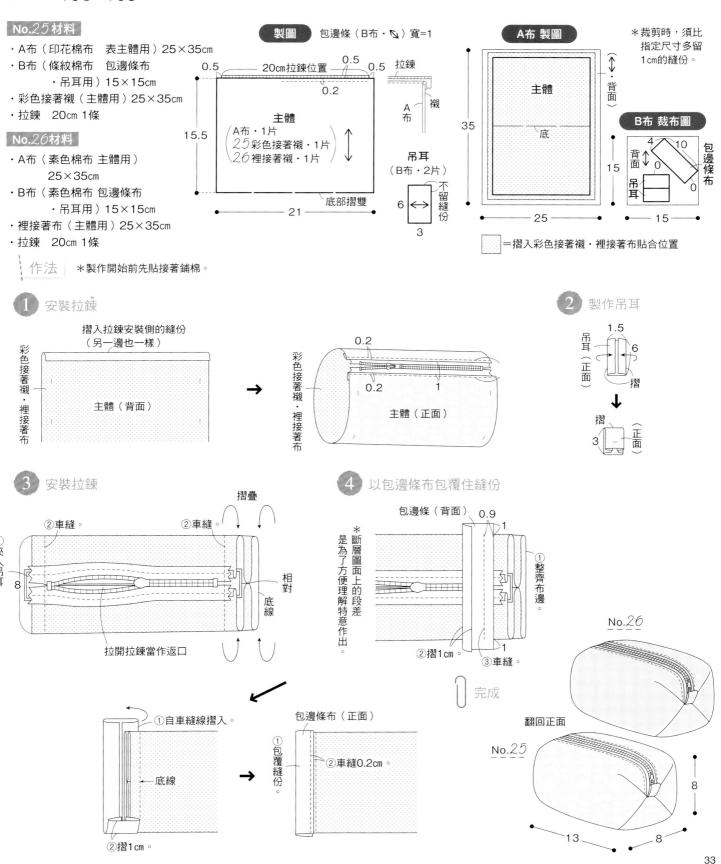

No.25材料
- A布（印花棉布 表主體用）25×35cm
- B布（條紋棉布 包邊條布・吊耳用）15×15cm
- 彩色接著襯（主體用）25×35cm
- 拉鍊 20cm 1條

No.26材料
- A布（素色棉布 主體用）25×35cm
- B布（素色棉布 包邊條布・吊耳用）15×15cm
- 裡接著布（主體用）25×35cm
- 拉鍊 20cm 1條

作法　＊製作開始前先貼接著鋪棉。

製圖　包邊條（B布・↘）寬＝1

20cm拉鍊位置
0.5　0.5　0.5
0.2
拉鍊
A布　襯

主體
（A布・1片
25彩色接著襯・1片
26裡接著布・1片）

15.5
21
底部摺雙

吊耳
（B布・2片）
6　3
不留縫份

＊裁剪時，須比指定尺寸多留1cm的縫份。

A布 製圖
主體
底
背面
35　25

B布 裁布圖
4　10
背面　0　0
吊耳
包邊條布
15

■=摺入彩色接著襯・裡接著布貼合位置

1 安裝拉鍊

摺入拉鍊安裝側的縫份（另一邊也一樣）
彩色接著襯・裡接著布
主體（背面）

→

0.2
0.2　1
彩色接著襯・裡接著布
主體（正面）

2 製作吊耳

1.5
吊耳（正面）
6　摺

↓

摺
3　正面

3 安裝拉鍊

②車縫。　②車縫。
摺疊
①夾入吊耳
8
相對
底線
拉開拉鍊當作返口

①自車縫線摺入。
底線
②摺1cm。

→

包邊條布（正面）
①包覆縫份。
②車縫0.2cm。

4 以包邊條布包覆住縫份

包邊條（背面）
0.9　1
②摺1cm。
③車縫。
①整齊布邊。
1

＊斷層圖面上的段差是為了方便理解特意作出。

完成

No.26

翻回正面

No.25

8
13　8

33

27

黃綠色內袋使用
Gingham格紋布！

雙層拉鍊包

米黃色表布搭配上黃綠色拉鍊的雙層拉鍊包。
很適合當作旅行整理包。
在拉鍊的拉片裝飾小緞帶，
也是讓包包更方面使用的小重點！

作法■P.35

製作…金丸かほり

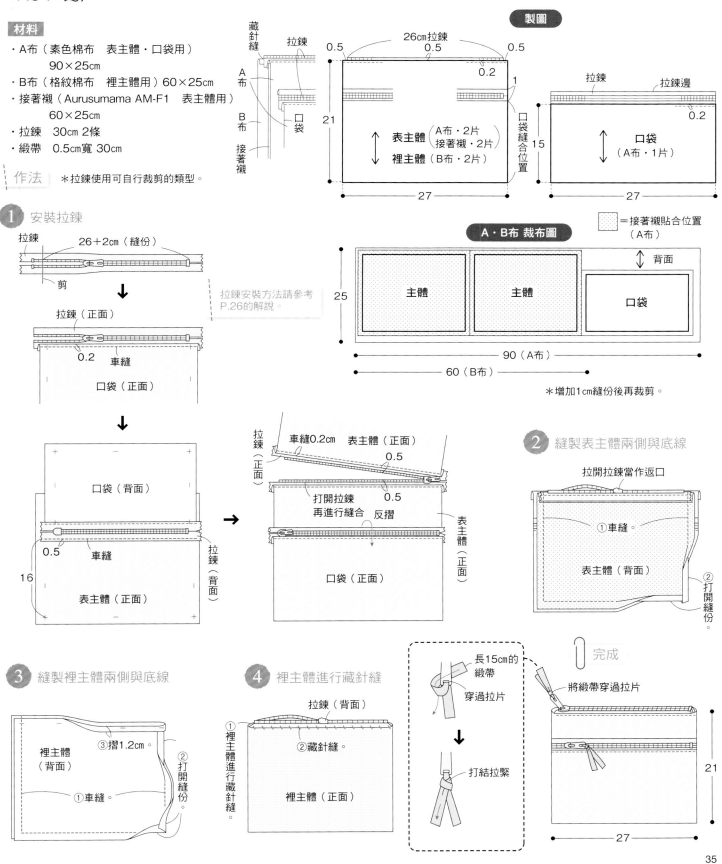

材料

- A布（素色棉布　表主體·口袋用）
  90×25cm
- B布（格紋棉布　裡主體用）60×25cm
- 接著襯（Aurusumama AM-F1　表主體用）
  60×25cm
- 拉鍊　30cm 2條
- 緞帶　0.5cm寬 30cm

作法　＊拉鍊使用可自行裁剪的類型。

藏針縫　拉鍊
A布
B布
接著襯
口袋

製圖

26cm拉鍊
0.5　0.5　0.5
0.2
1
21
表主體（A布·2片　接著襯·2片）
裡主體（B布·2片）
口袋縫合位置
27

拉鍊　拉鍊邊
0.2
15
口袋（A布·1片）
27

1　安裝拉鍊

拉鍊
26+2cm（縫份）
剪

拉鍊安裝方法請參考P.26的解說。

＝接著襯貼合位置（A布）

A·B布 裁布圖

背面
25
主體　主體　口袋
90（A布）
60（B布）

＊增加1cm縫份後再裁剪。

拉鍊（正面）
0.2　車縫
口袋（正面）

車縫0.2cm　表主體（正面）
拉鍊（正面）
0.5
打開拉鍊再進行縫合　0.5　反摺
口袋（正面）
表主體（正面）

2　縫製表主體兩側與底線

拉開拉鍊當作返口
①車縫。
表主體（背面）
②打開縫份

口袋（背面）
0.5　車縫
拉鍊（背面）
16
表主體（正面）

3　縫製裡主體兩側與底線

裡主體（背面）
③摺1.2cm。
②打開縫份
①車縫。

4　裡主體進行藏針縫

拉鍊（背面）
①裡主體進行藏針縫。
②藏針縫。
裡主體（正面）

長15cm的緞帶
穿過拉片
打結拉緊

完成
將緞帶穿過拉片
21
27

28

翻蓋設計，
不怕內裝物品被看到！

袋中袋

有很多口袋的袋中袋，

可以收納手機、錢包、眼鏡等外出時必備物。

附有提把，可以直接從包包中拿出使用。

作法■P.94

製作…酒井三菜子

29

金屬口金包

以金屬口金製成的收納包,
只要拉開拉鍊,袋口就啪地完全打開,內裝物品一目瞭然!
大容量,高度較高的美妝小物也可以方便收納。

作法■P.38

製作…田丸かおり
金屬口金…INAZUMA

P.37 29 金屬口金包

材料

- A布（花朵圖騰棉布　表主體・裝飾布用）35×50㎝
- B布（條紋棉布　裡主體用）35×50㎝
- 接著鋪棉（Aurusumama MKM-1P表主體用）35×50㎝
- 金屬口金（INAZUMA　BK-1862）橫約18㎝　高約6㎝ 2條
- 拉鍊　40㎝ 1條

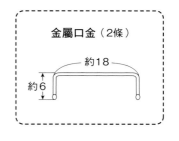

金屬口金（2條）

約18

約6

製圖

裝飾布（A布・2片）

4

6

不留縫份

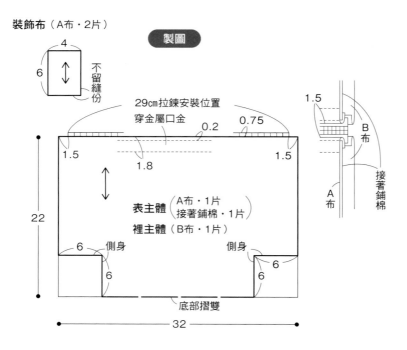

29㎝拉鍊安裝位置
穿金屬口金

0.2　0.75

1.5

1.8

1.5

1.5

表主體（A布・1片　接著鋪棉・1片）
裡主體（B布・1片）

22

6　側身

側身　6

6

6

底部摺雙

32

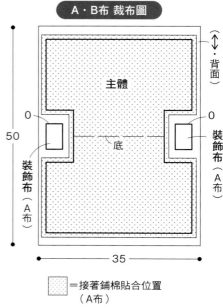

1.5

B布

A布

接著鋪棉

＊裁剪時，須比指定尺寸多留1㎝的縫份。

A・B布 裁布圖

主體

背面

0

0

底

50

裝飾布（A布）

裝飾布（A布）

35

= 接著鋪棉貼合位置（A布）

作法　＊製作開始前先貼接著鋪棉。

1 表主體安裝拉鍊

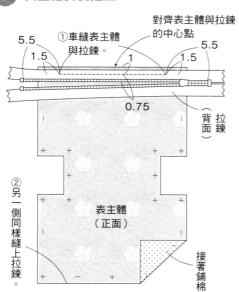

①車縫表主體與拉鍊。

對齊表主體與拉鍊的中心點

5.5

1.5

1

1.5

5.5

0.75

（背面）拉鍊

②另一側同樣縫上拉鍊。

表主體（正面）

接著鋪棉

2 縫製表主體側身

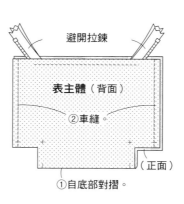

避開拉鍊

表主體（背面）

②車縫。

①自底部對摺。

（正面）

3 縫製表主體側袋身

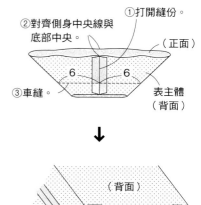

①打開縫份。

②對齊側身中央線與底部中央。

6　6

③車縫。

表主體（背面）

（正面）

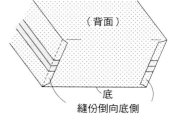

（背面）

底
縫份倒向底側

38

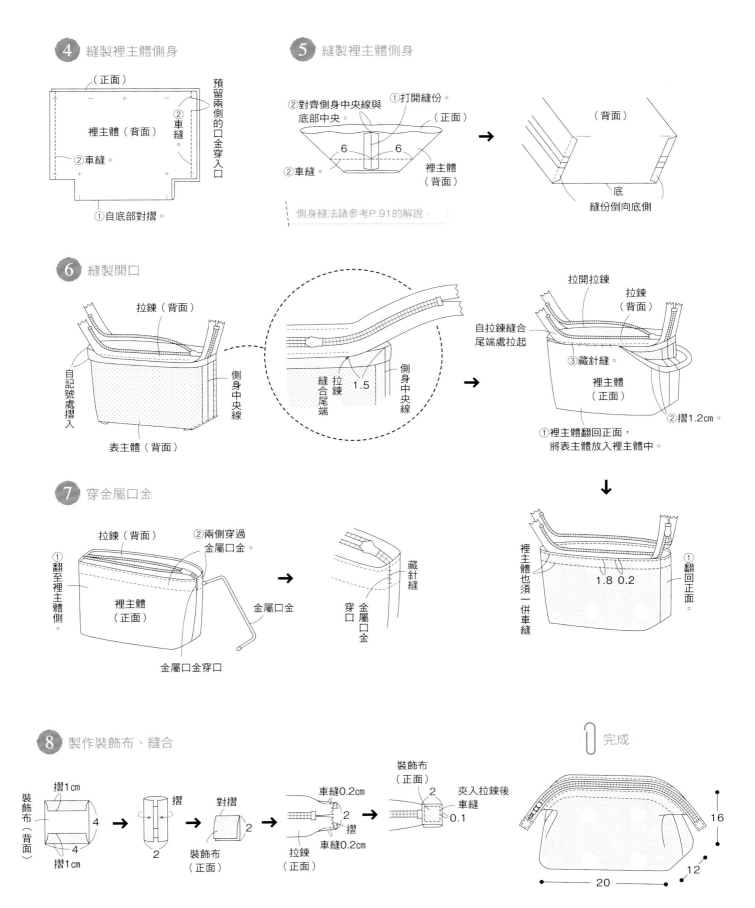

④ 縫製裡主體側身

（正面）

裡主體（背面）

②車縫。

②車縫。

①自底部對摺。

預留兩側的口金穿入口

⑤ 縫製裡主體側身

②對齊側身中央線與
底部中央。

①打開縫份。

（正面）

6　6

②車縫。

裡主體
（背面）

側身縫法請參考P.91的解說。

（背面）

底

縫份倒向底側

⑥ 縫製開口

拉鍊（背面）

自記號處摺入

側身中央線

表主體（背面）

拉鍊
縫合尾端

1.5

側身中央線

拉開拉鍊

拉鍊
（背面）

自拉鍊縫合
尾端處拉起

③藏針縫。

裡主體
（正面）

②摺1.2cm。

①裡主體翻回正面，
將表主體放入裡主體中。

⑦ 穿金屬口金

拉鍊（背面）

②兩側穿過
金屬口金。

①翻至裡主體側。

裡主體
（正面）

金屬口金

金屬口金穿口

藏針縫

穿口

金屬口金

裡主體也須一併車縫

1.8 0.2

①翻回正面。

⑧ 製作裝飾布、縫合

裝飾布（背面）

摺1cm

4

4

摺1cm

摺

2

對摺

裝飾布
（正面）

2

車縫0.2cm

2

摺

拉鍊
（正面）

車縫0.2cm

裝飾布
（正面）

2

夾入拉鍊後
車縫

0.1

〇 完成

16

20

12

39

30

31

口金包

口金包不僅能放零錢，
也能收納鑰匙與首飾類的小物。
No.30為復古風的黑白色調款。
No.31則是以粉紅色作為重點配色的甜美款。

作法■P.41
製作…西村明子
口金包口金…INAZUMA

P.40 30·31 口金包

No.30 材料

- A布（素色棉布　表主體A用）30×10cm
- B布（圓點棉布　表主體B・裡主體用）
　　30×20cm
- 接著鋪棉（Aurusumama MKM-1P
　　　　表主體A・B用）30×15cm
- 蕾絲圖案 1片
- 口金（INAZUMA　BK-771　AG）
　横約7.5cm　高約5.5cm 1個

No.31 材料

- A布（素色棉布　表主體A用）30×10cm
- B布（圓點棉布　表主體B用）30×5cm
- C布（碎花棉布　裡主體用）30×15cm
- 接著鋪棉（Aurusumama MKM-1P
　　　　表主體A・B用）30×15cm
- 蕾絲圖案 1片
- 口金（INAZUMA　BK-771　AG）
　横約7.5cm　高約5.5cm 1個

紙型　　=原寸紙型B面

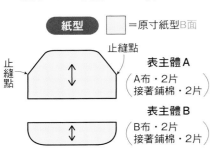

止縫點　止縫點

表主體A
（A布・2片
接著鋪棉・2片）

表主體B
（B布・2片
接著鋪棉・2片）

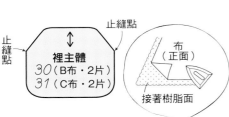

止縫點　止縫點

裡主體
30（B布・2片）
31（C布・2片）

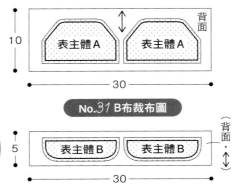

布（正面）

接著樹脂面

=接著鋪棉貼合位置

＊裁剪時，須比指定尺寸多留0.5cm的縫份。

No.30·31 A布裁布圖

10

表主體A　表主體A　背面

30

No.31 B布裁布圖

5

表主體B　表主體B　（背面）

30

No.30 B布裁布圖

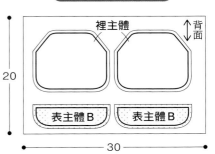

20

裡主體　　背面

表主體B　表主體B

30

No.31 C布裁布圖

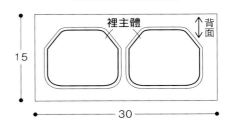

15

裡主體　　背面

30

口金的大小與名稱

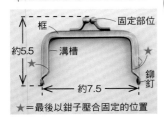

框　　固定部位

約5.5

溝槽

★　　　　鉚釘

約7.5

★＝最後以鉗子壓合固定的位置

須配合口金調整大小時

將口金描繪至畫紙上後，以口金的摺肩處為基準點畫一個1cm～1.5cm的圓弧，弧線須拉到外側。拉至外側的部分愈多，愈有調整的空間。

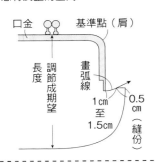

口金　　基準點（肩）

長度　調節成期望　畫弧線

1cm
至
1.5cm

0.5cm
（縫份）

作法　＊以NO.31進行解說。

表主體（正面）

1　製作前表主體布疊於接著鋪棉上，以熨斗自布正面貼合。

表主體A（背面）

表主體B（背面）

車縫

2　車縫接合線。

表主體A（背面）

打開縫份

表主體B（背面）

3　以熨斗燙開縫份。

止縫點

表主體A（背面）

表主體B（背面）
車縫

4　縫製表主體底部的圓弧。

表主體B（背面）

表主體A（背面）

袖燙墊

5　表主體底側燙開縫份。

止縫點

裡主體（背面）

車縫

6　縫製裡主體底部的圓弧。

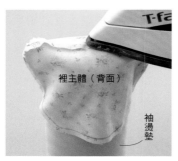

7　燙開裡主體底部縫份。

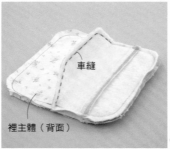

8　表主體與裡主體的正面相對對齊，車縫口金側。

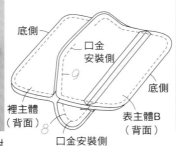

底側
口金安裝側
裡主體（背面）
口金安裝側
底側
表主體B（背面）

留返口4至5cm
車縫
裡主體（背面）
返口寬度只須1根手指寬即可。

9　另一側車縫時須留下返口。

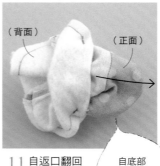

裡主體（背面）
表主體（背面）

10　裡主體放入表主體中。

（背面）
（正面）
自底部抽出。

11　自返口翻回正面。

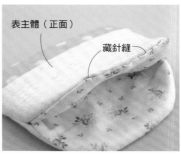

表主體（正面）
表主體（正面）

12　整理形狀。

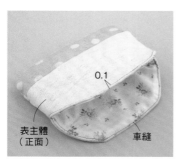

表主體（正面）
藏針縫

13　以藏針縫縫合返口。

0.1
表主體（正面）
車縫

14　確認鉚釘與側身線是否對齊。

中央記號

15　標出口金與主體的中央記號。

以膠帶固定。
剪去多餘的部分

16　配合口金的長度剪去多餘的紙繩。

剪下的部分
為了讓紙繩在放入口金溝槽中能確實固定住，紙繩須切細後再揉成紙繩。根據布料的厚度調成紙繩的粗度即可。

17　攤開紙繩切成細長條後再揉回成較細的紙繩，如此紙繩就不容易脫落。

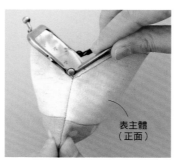

18　將主體插入口金中確認安裝位置是否正確。

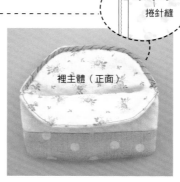

表主體（正面）

19　確認鉚釘與側身線是否有對齊。

捲針縫

裡主體（正面）

20　以捲針縫方式將紙繩縫於口金安裝側。

裡主體（正面）

21　另一側也以捲針縫方式將紙繩縫於口金安裝側。

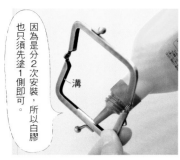

因為是分2次安裝，所以白膠也只須先塗1側即可。

溝

22 口金溝槽中塗上白膠。

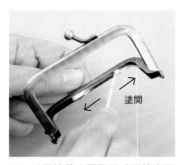

塗開

23 以牙籤將白膠攤平（須等表面略為乾燥後再進行黏合）。

24 對齊記號將主體插入口金溝槽。

使用一字螺絲就能輕鬆押入溝槽內

25 自內側中心以一字螺絲將紙繩推入溝槽內。

內側面側

26 以一字螺絲將內側面也推入溝槽（為了不讓鉚釘和側身錯位）。另一側也需要。

要推至口金內！

將紙繩推入後的樣子

27 自中心將一側紙繩推入後再進行另一側。

28 紙繩完全推入口金溝槽後的樣子。

29 在鉗子內部墊上墊布以避免傷到口金。

夾口金

30 以鉗子夾住口金的內側。

31 向口金內側撐緊。

口金上會出現凹痕

32 內側撐緊後的樣子。

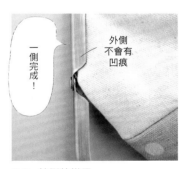

一側完成！

外側不會有凹痕

33 外側的樣子。
重複步驟22至32將剩餘口金安裝完成。

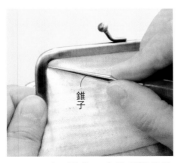

錐子

34 以錐子沿著口金整理邊緣的皺褶。

35 將蕾絲圖案置於中央並以珠針固定。

36 以藏針縫縫上蕾絲片。

完成尺寸：
高約9.5cm×寬11.5cm

扁平形手提包

作法超簡單的無厚度扁平形手提包。
No.32、No.33的手提部分使用寬4.5cm的壓克力纖維布條，
手握處只需對摺縫合即可。

作法■P.88
製作…酒井三菜子
布…KOKKA
No.32…H11050-1D　No.33…H11050-1A
壓克力纖維布條…home craft
No.32…ech-17　No.33…ech-18

32

33

方便攜帶上課資料及雜誌等的扁平狀包包。

No.34的提把部分為搭配條紋與素色的款式；

No.35的提把部分則使用與袋身表布同款的布料製作。

附有便利內口袋的貼心設計。

作法 ■ 34…P.89　35…P.46

製作…渋澤富砂幸

布…COSMO TEXTILE

No.34・No.35（條紋布）…AY4444 8N

No.34（灰色素面布）…AD10000 289

No.35（人像印花布）…AP75308 A

34

35

No.35材料

・A布（印花棉布　表主體・提把用）60×80㎝
・B布（條紋棉布　裡主體・內口袋用）60×80㎝
・接著襯（Aurusumama　AM-W4　表主體・提把用）80×60㎝

◻️=接著鋪棉貼合位置

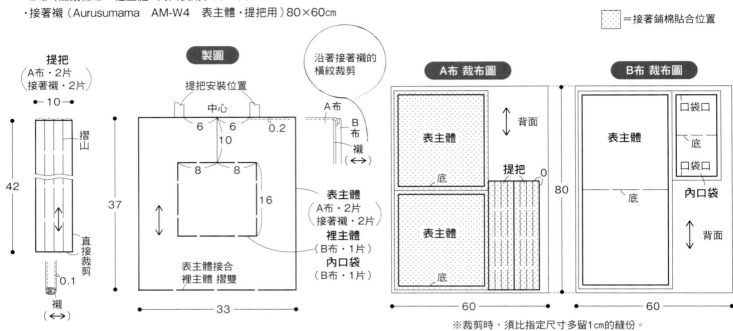

提把
（A布・2片
接著襯・2片）

◄—10—►

摺山

42

直接裁剪

0.1

襯
（↔）

製圖

沿著接著襯的橫紋裁剪

提把安裝位置
中心
6　6　0.2
10
8　8
16

A布
B布
襯
（↔）

表主體
（A布・2片
接著襯・2片）
裡主體
（B布・1片）
內口袋
（B布・1片）

37

表主體接合
裡主體　摺雙

◄—33—►

A布 裁布圖

表主體
底
背面

提把　0

表主體
底

◄—60—►
80

B布 裁布圖

表主體
底
背面

口袋口
底
口袋口

內口袋

◄—60—►

※裁剪時，須比指定尺寸多留1㎝的縫份。

作法　＊製作開始前先貼上接著襯。

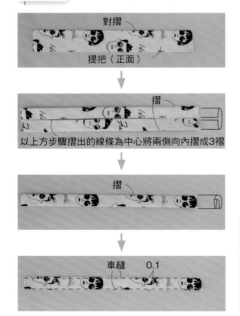

對摺
提把（正面）

摺
以上方步驟摺出的線條為中心將兩側向內摺成3褶

摺

車縫　0.1

1　將提把布摺成4褶後車縫兩側。

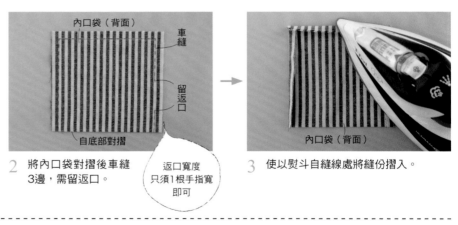

內口袋（背面）　車縫
留返口
自底部對摺

2　將內口袋對摺後車縫3邊，需留返口。

返口寬度只須1根手指寬即可

3　使以熨斗自縫線處將縫份摺入。

內口袋（背面）

4　手指伸入返口，壓住縫份翻回正面。

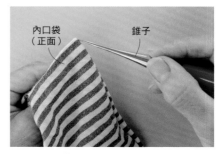

內口袋（正面）　錐子

5　以錐子整理四角。

6 車縫開口側。

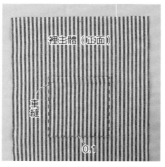

7 將內口袋置於裡主體的內口袋縫合位置上,車縫縫合。

8 將提把車縫至表主體的提把安裝位置上。

9 2片表主體正面相對疊合縫合底部。

10 以熨斗燙開縫份。

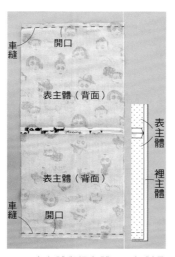

11 表主體與裡主體正面相對疊合,車縫開口部分。

12 裡主體側的樣子。

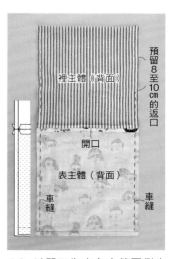

13 以開口為中心車縫兩側布邊。裡主體須留返口。

14 自返口翻回正面。

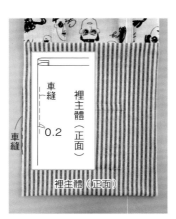

15 將裡主體返口縫合。

16 將裡主體裝入表主體中。

17 車縫開口部分。
完成尺寸:
高37㎝×寬33㎝

36

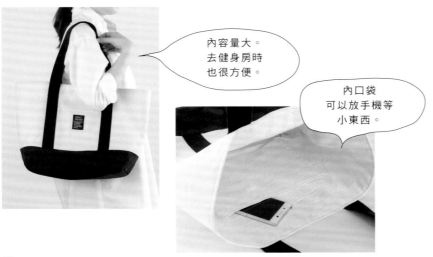

內容量大。
去健身房時
也很方便。

內口袋
可以放手機等
小東西。

托特包

以容易縫製的11號帆布製成的托特包。

配色簡單的設計款式。

於外口袋上裝飾上布標後,

立即展現經典包款的風範。

作法 ■ P.49

製作…金丸かほり
壓克力纖維布條・布標…清原

P.48 36 托特包

No.36 材料

・A布（11號帆布　表主體・口袋用）70×90cm
・B布（11號帆布　底布用）55×35cm
・C布（素色棉布　裡主體・內口袋用）80×80cm
・接著襯（Aurusumama　AM-FI　表主體用）90×70cm
・壓克力纖維布條　3.8cm寬200cm
・布標　1片

＊由於內口袋為直線裁剪，未附原寸紙型。請自行製圖製作紙型。

製圖・紙型　　□＝原寸紙型A面

A布 裁布圖

■＝接著鋪棉貼合位置

5　背面

底

90　　表主體

3.5

5　　外口袋

70

※裁剪時，須比指定尺寸多留1cm的縫份。

B布 裁布圖

底布　背面

底

35

55

C布 裁布圖

裡主體　背面

底

85　　內口袋

底　　口袋口

85

提把
（壓克力纖維布條・2條）

3.8

（含1cm縫份）23

0.1
2　　止縫點

50

2　　止縫點
0.1

（含1cm縫份）23

表主體
A布・2片
接著襯・2片

提把

50
中心
★　　★　0.5

9　口袋口　　2 2（A布・1片）外口袋

2.3

底布（B布・1片）

0.1

底部摺雙

5　A布　止縫點
C布
襯（↔）
B布

接著襯須沿橫紋裁剪

裡主體（C布・1片）

中心

10

內口袋縫合位置

同表主體紙型

底部摺雙

內口袋（C布・1片）

13　13

16　　0.5
0.2

摺雙

作法

＊製作開始前先貼上接著襯。　＊裝飾布標縫於喜歡的位置上即可。

1　以熨燙尺與熨斗摺出口袋口的線條。

外口袋（背面）
3.5
口袋口

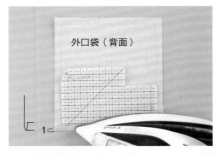

2　攤開摺線後再從布邊摺入1cm，並以熨斗壓出線條。

外口袋（背面）
1

3　使以熨斗再次壓 1・2的摺線。

外口袋（背面）
口袋口

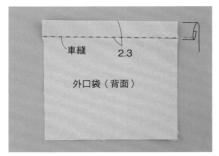

4　車縫口袋。

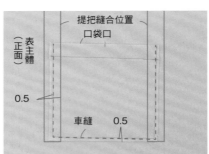

5　車縫表主體的外口袋縫合位置。

使用接著膠帶方便快速，且成形漂亮。

6　提把（壓克力纖維布條）貼上雙面膠。

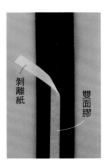

7　撕掉雙面膠的剝離紙。

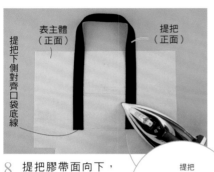

8　提把膠帶面向下，使以熨斗將其與表主體貼合。

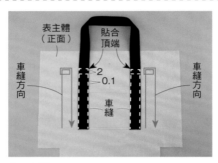

9　車縫。

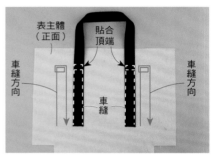

10　重複步驟6至9安裝另一側提把。

11　以熨斗摺出底布的縫份。

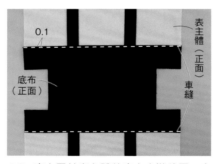

12　底布置於表主體的底布安裝位置，車縫縫合。

返口寬度只須1根手指寬即可。

13　內口袋對摺，車縫三邊，需留返口。

14　以熨斗自車縫線處摺入縫份。

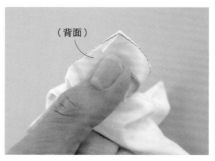

15　手指伸入返口，壓住縫份翻回正面。

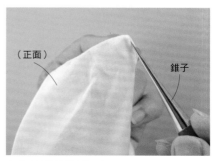

16　以錐子整理四角。

17 車縫口袋口。

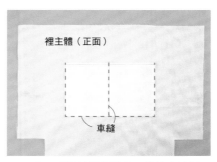

18 內口袋置於裡主體內口袋縫合位置，車縫。

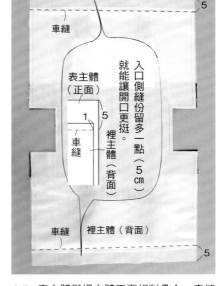

入口側縫份留多一點（5㎝）就能讓開口更挺。

19 表主體與裡主體正面相對疊合，車縫開口處。

留10㎝返口

縫份倒向裡主體側

裡主體（背面）
對齊開口
表主體（背面）

20 對齊開口，車縫兩側。裡主體部分需預留返口。

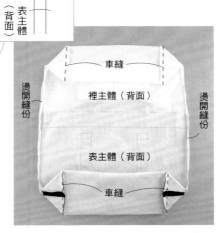

21 以熨斗燙開兩側縫份，車縫側袋身。

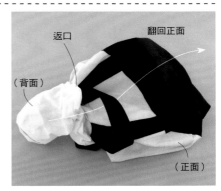

返口　翻回正面

（背面）

（正面）

22 自返口翻回正面。

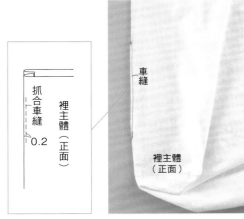

抓合車縫 0.2

車縫

裡主體（正面）

23 抓合裡主體返口，車縫縫合。

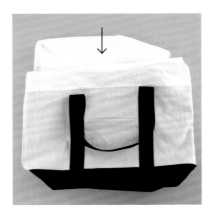

24 將裡主體放入表主體。

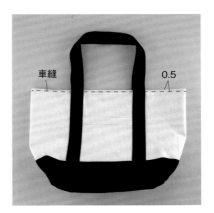

車縫　0.5

25 避開提把，車縫開口。
完成尺寸：
高31㎝×寬34㎝×側袋身寬16㎝

袋底外褶托特包

海軍藍與白色條紋的海洋風托特包。
將袋底褶角留在外側，
就多了三角形裝飾。

作法 P.55

製作…金丸かほり

37

外褶的袋底
也是裝飾喔！

52

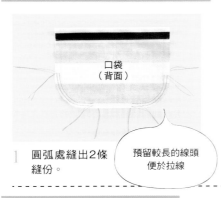

1 圓弧處縫出2條縫份。

> 預留較長的線頭便於拉線

2 同時拉縮2根上線，沿著厚紙弧度調整圓弧。

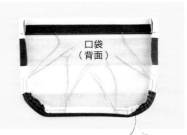

3 以熨斗壓整圓弧的縫份並整理形狀。

> 形狀調整完成後打結並剪掉多餘的縫線。

Point Lesson
內口袋的製作方法

1 正面摺向內側，車縫底部以外的三邊。

> 返口寬度只須1根手指寬即可。

2 以熨斗摺入縫份。

3 手指伸入返口，以食指與拇指將縫份往下壓住。

4 翻回正面。

5 以錐子整理四角。

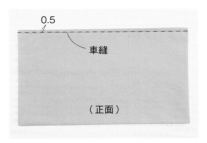

6 車縫口袋。

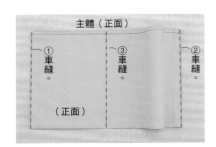

7 車縫3條縱線後與主體縫合。

8 摺入側身的打褶。

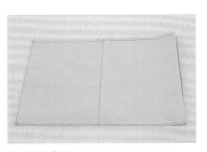

9 車縫底部。

Point Lesson

外袋底的縫法---讓袋底褶角露於外側的摺法

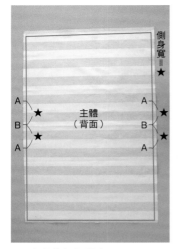

1 在布上標註記號。

主體（背面）

側身寬＝★

A B A

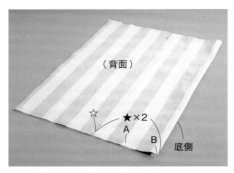

2 對摺主體，讓底側位於下方。

（背面）

☆ ★×2 A B 底側

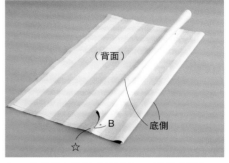

3 ☆處對齊後以珠針固定，B點往內摺入。

（背面）

B 底側 ☆

重點：準確對照記號處

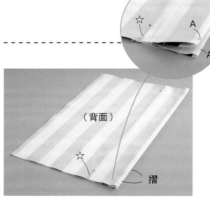

4 以熨斗壓摺。

（背面）

☆ 摺

5 車縫兩側。

（背面）

車縫 車縫 底側

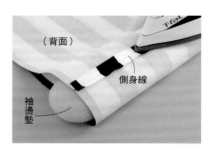

6 袖燙墊放入主體內側，以熨斗燙開側身線的縫份。

（背面）

側身線 袖燙墊

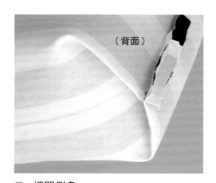

7 撐開側身。

（背面）

8 翻回正面，整理底部形狀。

9 沿著摺線車縫。

車縫

沿著摺痕向上壓進行車縫，就能確保底側的形狀。

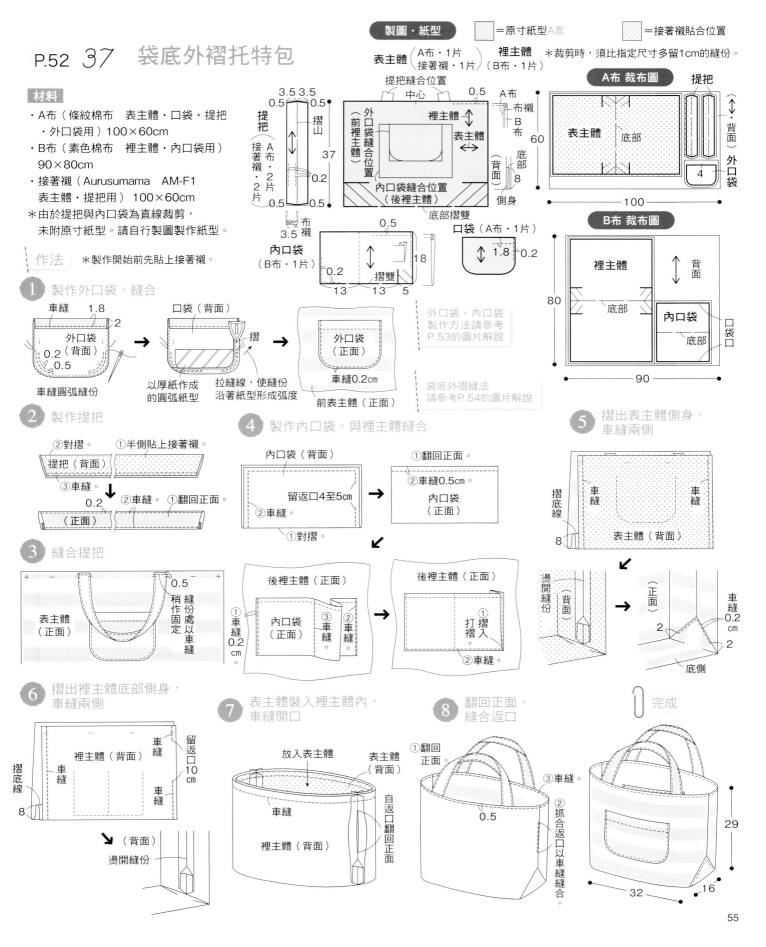

P.52 37 袋底外褶托特包

製圖・紙型　　□=原寸紙型A面　　⊡=接著襯貼合位置

表主體（A布・1片／接著襯・1片）　裡主體（B布・1片）

＊裁剪時，須比指定尺寸多留1cm的縫份。

材料

・A布（條紋棉布　表主體・口袋・提把
　・外口袋用）100×60cm
・B布（素色棉布　裡主體・內口袋用）
　90×80cm
・接著襯（Aurusumama　AM-F1
　表主體・提把用）100×60cm
＊由於提把與內口袋為直線裁剪，
　未附原寸紙型。請自行製圖製作紙型。

作法　＊製作開始前先貼上接著襯。

① 製作外口袋、縫合

外口袋・內口袋製作方法請參考P.53的圖片解說

袋底外褶縫法請參考P.54的圖片解說

② 製作提把

④ 製作內口袋，與裡主體縫合

⑤ 摺出表主體側身，車縫兩側

③ 縫合提把

⑥ 摺出裡主體底部側身，車縫兩側

⑦ 表主體裝入裡主體內，車縫開口

⑧ 翻回正面，縫合返口

完成

A布 裁布圖

B布 裁布圖

55

38

圓弧形手提包

擁有竹製圓形提把的可愛圓弧形手提包。
內貼鋪棉的蓬蓬感設計與
充滿藝術感的小鳥印花圖案，搭配得恰到好處。

作法 ■P.58

製作…渋澤富砂幸
布料（印花）… *Ryota.I* × *congés payés* (home craft)（NFH8001-2B）
提把…SunOlive

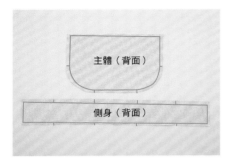

1 在布標上註記號。

2 主體與側身正面相對疊合，側身以珠針固定記號處。

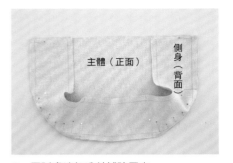

3 圓弧處追加珠針補強固定。

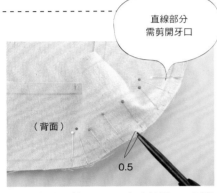

直線部分需剪開牙口

0.5

4 側身縫份剪開0.5cm左右的牙口，以避免車縫時移位。

5 自側身進行車縫。

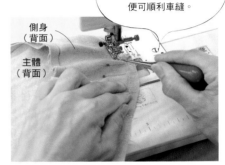

以錐子輔佐車縫作業較容易送布，便可順利車縫。

6 兩側也是自側身進行車縫。

7 主體與側身縫合後的樣子。

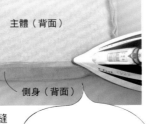

放入袖燙墊壓整，注意不要產生皺褶。

8 以熨斗將縫份摺向主體側。

9 翻回正面的樣子。

材料

- A布（印花棉布　表主體‧表袋底‧表側身‧提把部分用布）90×60cm
- B布（素色棉布　裡主體‧裡袋底‧裡側身‧內口袋用）110×45cm
- 接著鋪棉（Aurusumama　MKM-1P　表主體‧表袋底‧表側身用）90×45cm
- 竹製提把（BB-111）外徑約14cm 2個

提把尺寸

外徑
約14cm

＊由於內口袋為直線裁剪，
　未附原寸紙型。
　請自行製圖製作紙型。

製圖‧紙型　　　＝原寸紙型B面

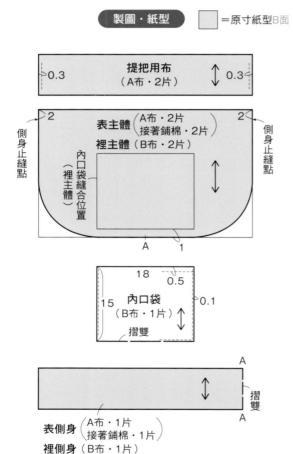

提把用布
（A布‧2片）
0.3　　　　　0.3

表主體（A布‧2片　接著鋪棉‧2片）
裡主體（B布‧2片）

內口袋縫合位置（裡主體）

側身止縫點　　　側身止縫點

2　　　　　　　2

A　　1

18
0.5
15　內口袋
（B布‧1片）　0.1
摺雙

A
A
摺雙

表側身（A布‧1片　接著鋪棉‧1片）
裡側身（B布‧1片）

＝接著鋪棉貼合位置

A布 裁布圖

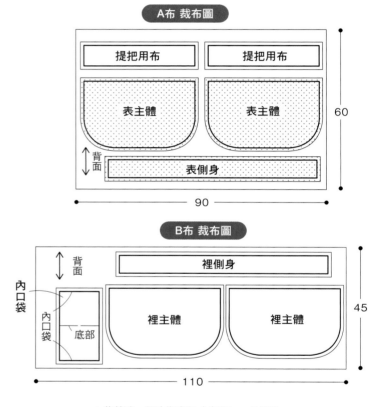

提把用布　　　提把用布
表主體　　　表主體
背面
表側身

60

90

B布 裁布圖

內口袋
內口袋
內口袋
底部

裡側身
背面
裡主體　　　裡主體

45

110

＊裁剪時，須比指定尺寸多留1cm的縫份

作法　　＊製作開始前先貼上接著鋪棉。

① 製作內口袋、縫合

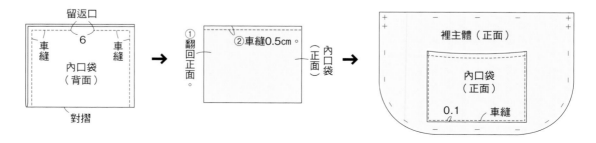

留返口
6
車縫　　車縫
內口袋（背面）
對摺

①翻回正面。
②車縫0.5cm。
（正面）內口袋

裡主體（正面）
內口袋（正面）
0.1　車縫

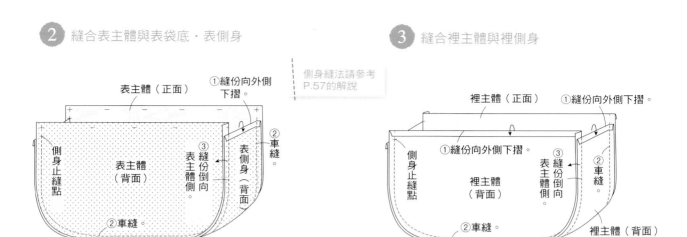

2 縫合表主體與表袋底・表側身

表主體（正面）

①縫份向外側下摺。

側身縫法請參考 P.57的解說

②車縫。

③縫份倒向表主體側。

表側身（背面）

側身止縫點

表主體（背面）

②車縫。

3 縫合裡主體與裡側身

裡主體（正面）

①縫份向外側下摺。

①縫份向外側下摺。

②車縫。

③縫份倒向表主體側。

側身止縫點

裡主體（背面）

②車縫。

裡主體（背面）

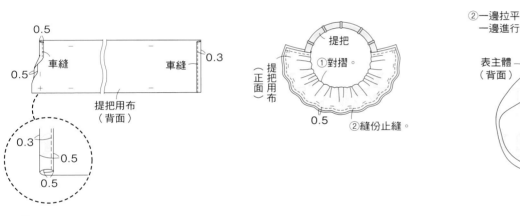

4 車縫提把用布兩側

0.5

0.5

車縫

車縫

0.3

提把用布（背面）

0.3

0.5

0.5

5 提把用布對摺，穿過提把

提把

①對摺。

提把用布（正面）

0.5

②縫份止縫。

6 縫合表主體與提把用布

＊另一側也同樣縫合。

②一邊拉平提把用布，一邊進行車縫。

③縫份倒向表主體側。

表主體（背面）

表側身（正面）

提把用布（正面）

表主體（正面）

①翻回正面。

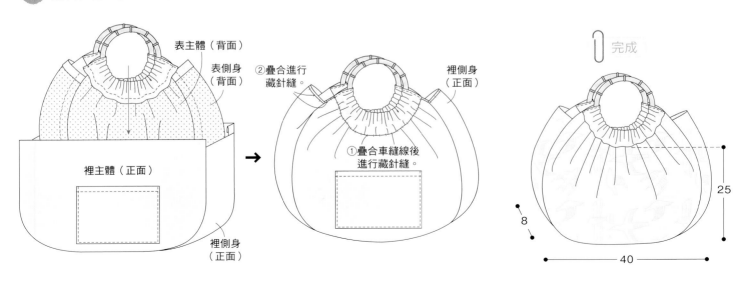

7 疊合表裡主體，以藏針縫縫合裡主體

表主體（背面）

表側身（背面）

裡主體（正面）

裡側身（正面）

②疊合進行藏針縫。

①疊合車縫線後進行藏針縫。

裡側身（正面）

完成

25

8

40

打褶肩包

以大花朵圖案營造出優雅風采的打褶肩包。
開口處拼接布選用素色布料，
就能避免視覺的分散。
開口處附有磁釦，可安心收納，不怕物品掉出。

作法 ▉ P.61
製作…酒井三菜子
磁釦…INAZUMA

39

側背時大小剛剛好。

材料

・A布（花朵圖案棉布　表主體・表側身・提把用）70×75cm
・B布（素色棉布　拼接布・裡主體・裡側身・內口袋用）70×75cm
・接著鋪棉（Aurusumama　MKM-1P　表主體
　・拼接布・裡側身・提把用）70×75cm
・磁釦（INAZUMA　AK-25-14）直徑1.4cm 1組

＊由於提把與內口袋為直線裁剪，
　未附原寸紙型。請自行製圖製作紙型。

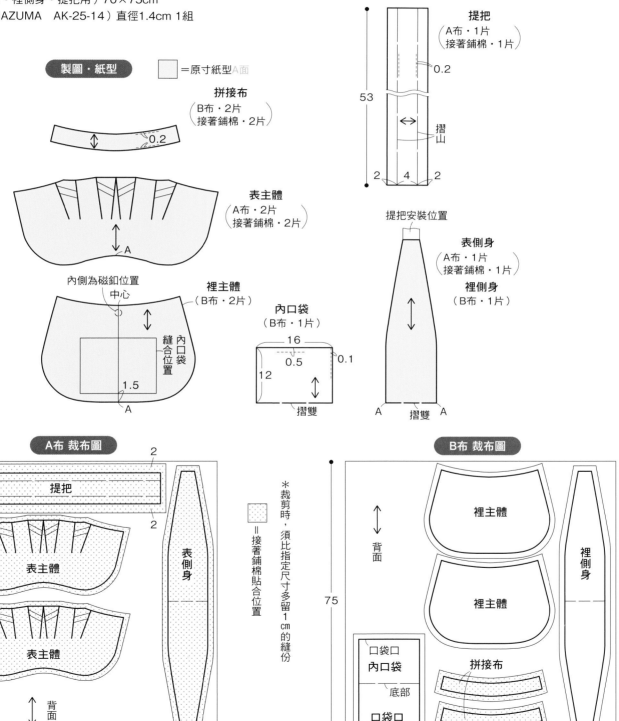

製圖・紙型　　＝原寸紙型A面

拼接布
（B布・2片
　接著鋪棉・2片）
0.2

表主體
（A布・2片
　接著鋪棉・2片）
A

提把
（A布・1片
　接著鋪棉・1片）
0.2
53
摺山
2　4　2

內側為磁釦位置
中心

裡主體
（B布・2片）

內口袋
（B布・1片）
16
0.5
0.1
12
摺雙

縫合位置
內口袋
1.5
A

提把安裝位置

表側身
（A布・1片
　接著鋪棉・1片）

裡側身
（B布・1片）

A　摺雙　A

A布 裁布圖

提把
2
2
表主體
表側身
表主體
背面

＊裁剪時，須比指定尺寸多留1cm的縫份

＝接著鋪棉貼合位置

75
70

B布 裁布圖

裡主體
裡主體
裡側身
背面

口袋口
內口袋
底部
口袋口
拼接布

75
70

1 打褶後進行車縫

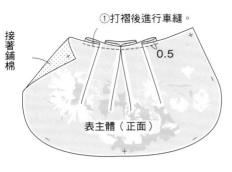

接著鋪棉

①打褶後進行車縫。

0.5

表主體（正面）

2 縫合拼接布與表主體

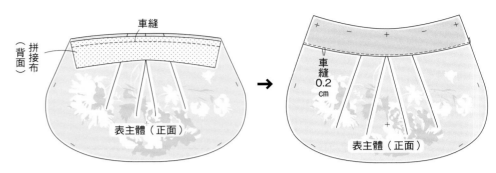

車縫

拼接布（背面）

表主體（正面）

車縫0.2cm

表主體（正面）

3 製作內口袋，與裡主體縫合

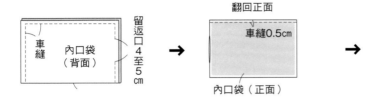

車縫　內口袋（背面）

留返口4至5㎝

翻回正面

車縫0.5cm

內口袋（正面）

裡主體（正面）

內口袋（正面）

車縫0.2cm

打褶的縫法 -

剪開開口可方便
從正面摺出褶子

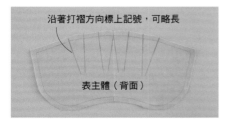

沿著打褶方向標上記號，可略長

表主體（背面）

1 放射狀摺疊時，需沿著打褶的方向標上略長的記號。

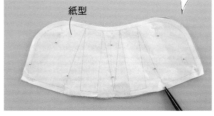

紙型

2 將紙型置於布上，縫份打摺的摺山處須剪開約0.3cm的開口。

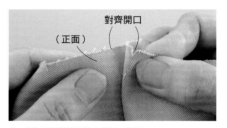

對齊開口

（正面）

3 從正面對齊開口摺出褶子。

（正面）

4 珠針固定。

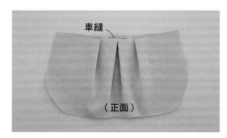

車縫

（正面）

5 車縫縫份側。

（背面）

6 背面的樣子。

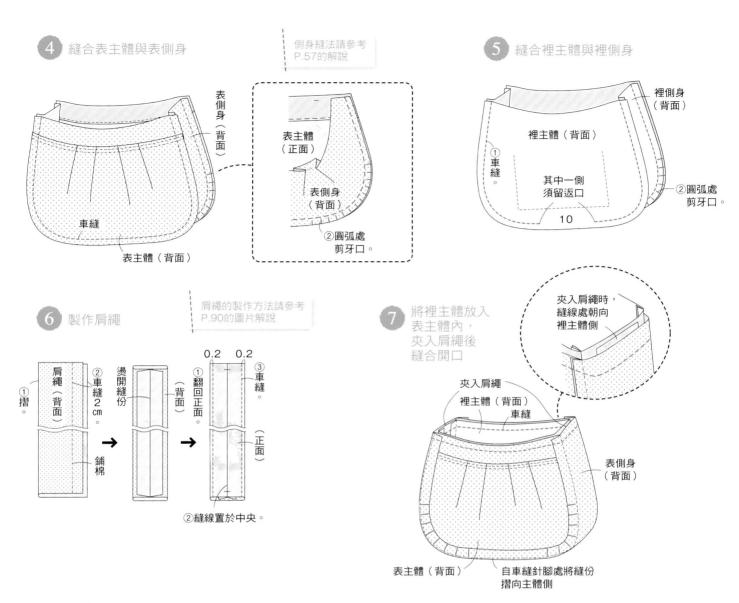

④ 縫合表主體與表側身

側身縫法請參考 P.57的解說

表側身（背面）

車縫

表主體（背面）

表主體（正面）

表側身（背面）

②圓弧處剪牙口。

⑤ 縫合裡主體與裡側身

裡側身（背面）

裡主體（背面）

①車縫。

其中一側須留返口

②圓弧處剪牙口。

10

⑥ 製作肩繩

肩繩的製作方法請參考 P.90的圖片解說

①摺。

肩繩（背面）

②車縫2㎝。

鋪棉

燙開縫份

（背面）

①翻回正面。

0.2　0.2

③車縫。

（正面）

②縫線置於中央。

⑦ 將裡主體放入表主體內，夾入肩繩後縫合開口

夾入肩繩時，縫線處朝向裡主體側

夾入肩繩

裡主體（背面）

車縫

表側身（背面）

表主體（背面）

自車縫針腳處將縫份摺向主體側

⑧ 翻回正面，返口進行藏針縫

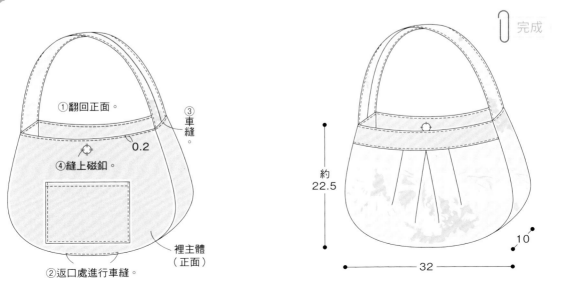

①翻回正面。

③車縫。

0.2

④縫上磁釦。

②返口處進行車縫。

裡主體（正面）

完成

約 22.5

10

32

40

可當作
環保購物袋

緞帶圓底包

蓬蓬圓底與可愛蝴蝶結的手提包。
緞帶可拆卸，可搭配當日心情改變裝飾。

作法 ■ P.66

製作…金丸かほり

1 在布上標註記號。

2 主體正面相對疊合，車縫兩側。

3 以熨斗燙開縫份。

因從主體側進行車縫，
所以珠針
也須從主體側固定

以錐子慢慢送布
以避免縫歪

4 打褶後進行車縫。

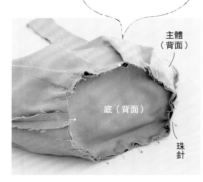

5 對齊主體與底部，珠針插入記號處固定（白色珠針）。完成後再加強度定圓弧部分（紅色珠針）。

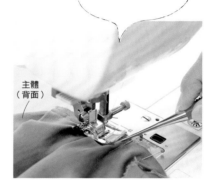

6 自主體側進行車縫。

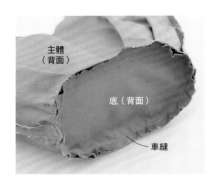

7 縫合主體與袋底後的樣子。

8 以熨斗將縫份摺向底側。

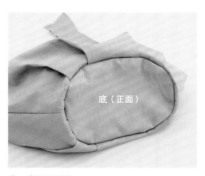

9 翻回正面。

材料

- A布（條紋棉布　表主體‧表底用）110×50cm
- B布（格紋棉布　裡主體‧裡底用）110×50cm
- C布（素色棉布　蝴蝶結‧蝴蝶結中央固定環用）35×30cm
- 接著鋪棉（Aurusumama　MKM-1P　表主體‧表底用）100×50cm
- 胸花針　1支

＊由於緞帶與蝴蝶結中央固定環為直線裁剪，
　未附原寸紙型。請自行製圖製作紙型。

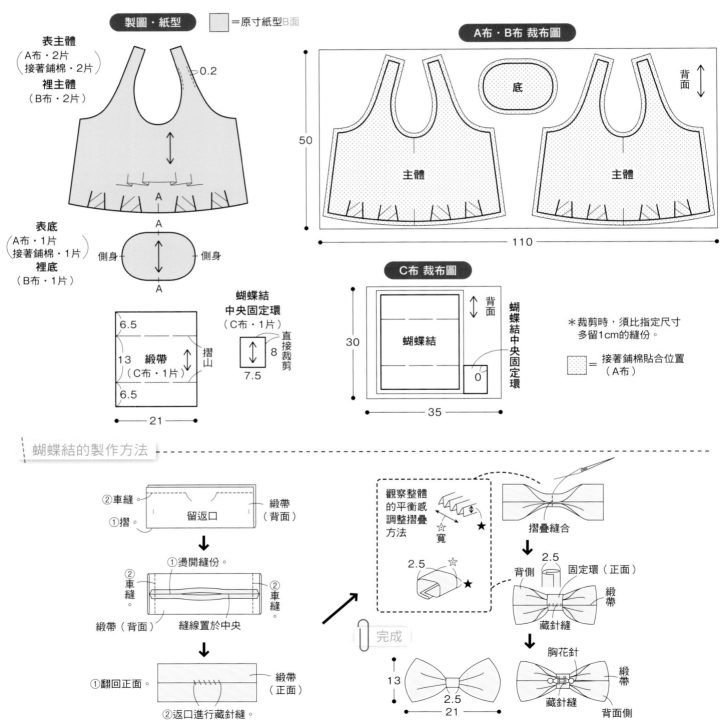

製圖‧紙型　　＝原寸紙型B面

表主體
（A布‧2片）
（接著鋪棉‧2片）
裡主體
（B布‧2片）

0.2

表底
（A布‧1片）
（接著鋪棉‧1片）
裡底
（B布‧1片）

側身　側身

6.5
13　緞帶（C布‧1片）　摺山
6.5
21

蝴蝶結
中央固定環
（C布‧1片）　直接裁剪
8
7.5

A布‧B布 裁布圖

背面

主體　　主體

50

110

C布 裁布圖

背面　蝴蝶結中央固定環

30　蝴蝶結
0
35

＊裁剪時，須比指定尺寸
　多留1cm的縫份。

　　＝接著鋪棉貼合位置
　　　（A布）

蝴蝶結的製作方法

②車縫
①摺　留返口　緞帶（背面）

①燙開縫份。
②車縫　②車縫
緞帶（背面）　縫線置於中央

①翻回正面。　緞帶（正面）
②返口進行藏針縫。

觀察整體
的平衡感
調整摺疊
方法　　☆寬　★

2.5　☆★

摺疊縫合

2.5
背側　固定環（正面）
緞帶
藏針縫

完成

13
2.5
21

胸花針
緞帶
藏針縫　背面側

包包的製作方法 | *製作開始前先貼上接著鋪棉。

1 車縫表主體打褶處及兩側

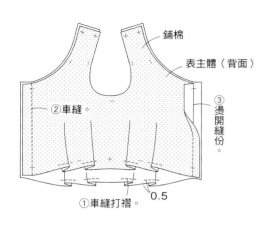

鋪棉
表主體（背面）
②車縫。
③燙開縫份。
①車縫打褶。
0.5

2 車縫裡主體打褶處及兩側

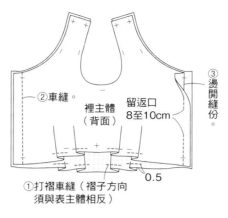

②車縫。
裡主體（背面）
留返口8至10cm
③燙開縫份。
①打褶車縫（褶子方向須與表主體相反）
0.5

3 縫合表主體與表底

表主體（背面）
表底（正面）
車縫

4 縫合裡主體與裡底

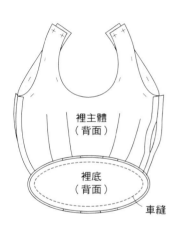

裡主體（背面）
裡底（背面）
車縫

5 表主體放入裡主體中，縫合開口側

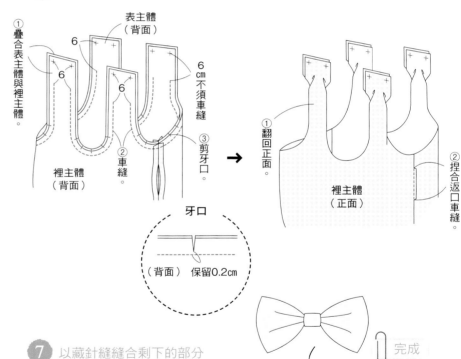

①疊合表主體與裡主體。
表主體（背面）
6
6
6
6 cm 不須車縫
裡主體（背面）
②車縫。
③剪牙口。

牙口
（背面）　保留0.2cm

①翻回正面。
裡主體（正面）
②捏合返口車縫。

6 分別縫製表提把與裡提把

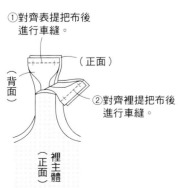

①對齊表提把布後進行車縫。
（正面）
背面
②對齊裡提把布後進行車縫。
裡主體（正面）

7 以藏針縫縫合剩下的部分

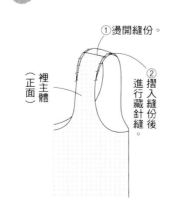

①燙開縫份。
裡主體（正面）
②摺入縫份後進行藏針縫。

完成
車縫
0.2
約44
18.5
13

41

裡外都有口袋，
使用方便

雙口袋包

簡單的圖案搭配上素色布料，
充滿時尚感的包包。
兩側大口袋的尺寸剛好可以放入
保特瓶或摺疊傘。

作法 ■ P.70

製作…金丸かほり
布料（印花布）…KOKKA（P45400-401C）

打褶口袋

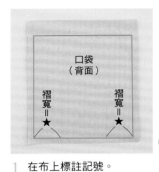

口袋（背面）

褶寬=★　褶寬=★

1　在布上標註記號。

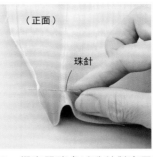

紙型

珠針

★　★

0.5　牙口

紙型　布

剪牙口

2　疊上紙型，於褶寬位置處剪牙口。

（正面）

珠針

3　褶寬記號處以珠針對齊固定。

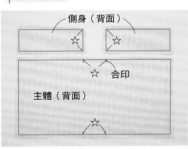

車縫

（背面）

車縫

4　車縫口袋口並打褶。

角側身

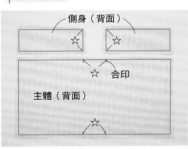

側身（背面）

☆　☆

☆　合印

主體（背面）

☆

1　在布上標註記號（側身幅寬=☆）。

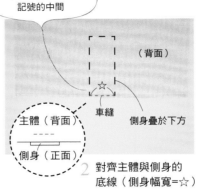

車縫兩側身幅寬記號的中間

（背面）

☆

車縫

側身疊於下方

主體（背面）

側身（正面）

2　對齊主體與側身的底線（側身幅寬=☆）並進行車縫。

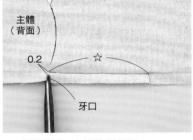

預留約0.2cm就能避免零件布散開，且四角能作得比較漂亮

主體（背面）

0.2　☆

牙口

3　側身幅寬=☆的縫份剪牙口。

從牙口位置重新摺疊零件布，以改變角度車縫兩側

（背面）　車縫　（背面）

☆

側身（背面）

4　車縫兩側。

（背面）　燙開縫份　（背面）

側身（背面）

5　以熨斗燙開縫份。

6　兩側皆完成後翻回正面時的樣子。

P.68 41 雙口袋包

材料

·A布（印花棉布　表主體·口袋·表底用）70×70cm
·B布（素色棉布　裡主體·表側面·裡側面·提把·內口袋用）70×100cm
·接著襯（Aurusumama　AM-W4表主體·表底·提把·側身用）92×50cm

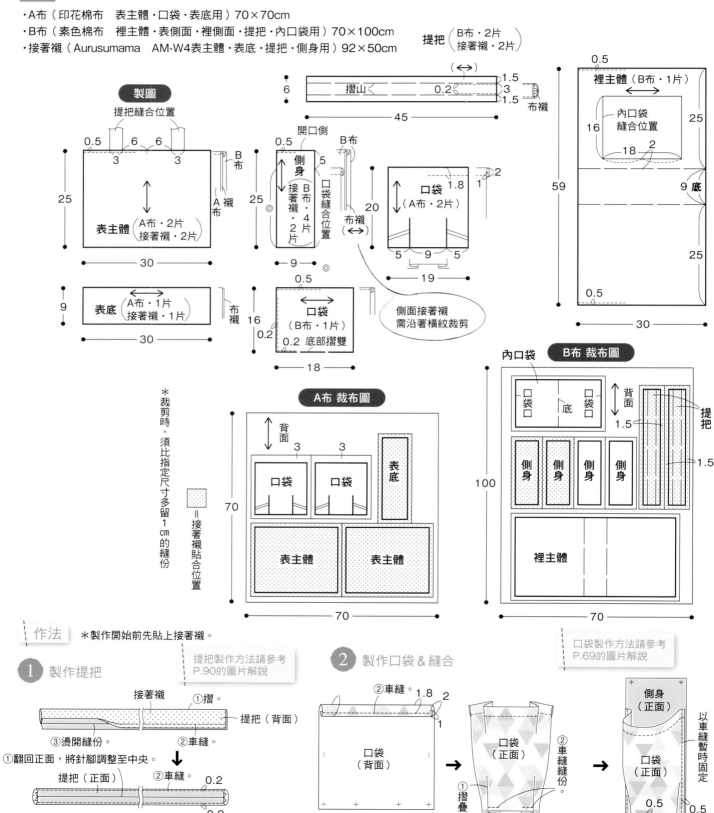

作法　＊製作開始前先貼上接著襯。

① 製作提把

② 製作口袋＆縫合

口袋製作方法請參考 P.69的圖片解說

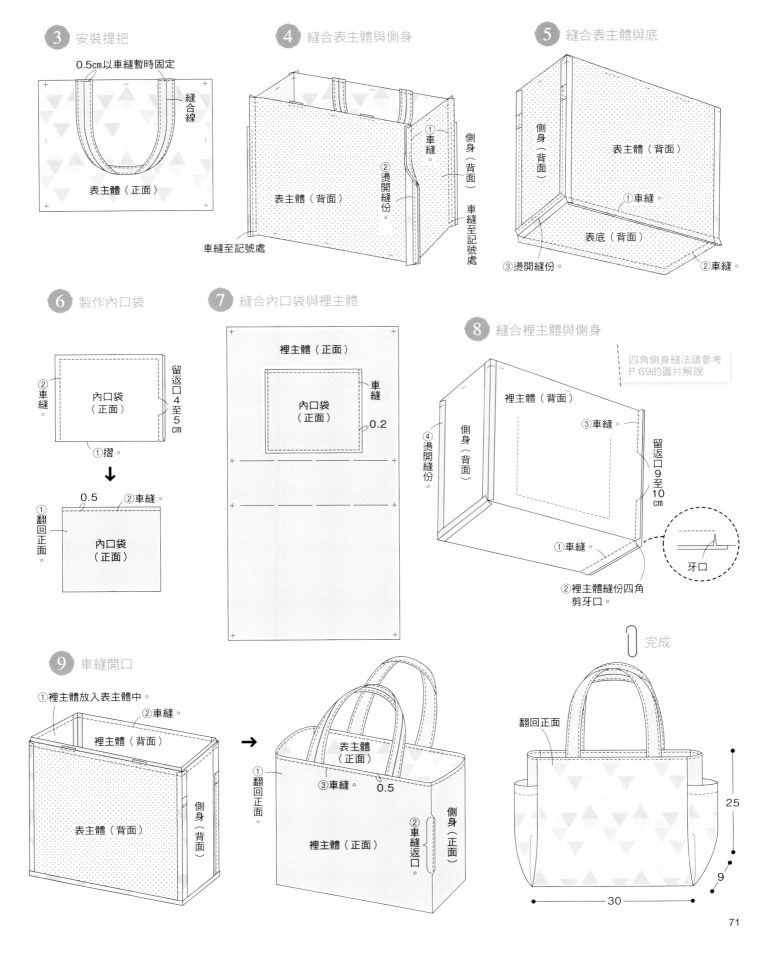

③ 安裝提把

0.5cm以車縫暫時固定

縫合線

表主體（正面）

④ 縫合表主體與側身

① 車縫。

② 燙開縫份。

側身（背面）

車縫至記號處

表主體（背面）

車縫至記號處

⑤ 縫合表主體與底

側身（背面）

表主體（背面）

① 車縫。

表底（背面）

③ 燙開縫份。

② 車縫。

⑥ 製作內口袋

② 車縫。

內口袋（正面）

留返口4至5㎝

① 摺。

① 翻回正面。

0.5

② 車縫。

內口袋（正面）

⑦ 縫合內口袋與裡主體

裡主體（正面）

車縫

內口袋（正面）

0.2

⑧ 縫合裡主體與側身

四角側身縫法請參考P.69的圖片解說

裡主體（背面）

③ 車縫。

④ 燙開縫份。

側身（背面）

留返口9至10㎝

① 車縫。

② 裡主體縫份四角剪牙口。

牙口

⑨ 車縫開口

① 裡主體放入表主體中。

② 車縫。

裡主體（背面）

表主體（背面）

側身（背面）

① 翻回正面。

表主體（正面）

③ 車縫。 0.5

裡主體（正面）

② 車縫返口。

側身（正面）

完成

翻回正面

25

9

30

42

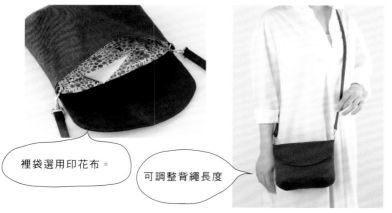

裡袋選用印花布。

可調整背繩長度

翻蓋波奇包

不須手拿的波奇包是每天購物時的必備法寶。
只要使用勾釦與日字環，
連背繩都能自己作喔！

作法 ■ P.74

製作…酒井三菜子
布料（素色）…COSMO TEXTILE（AD28000 300）
勾釦・日字環・D形環…INAZUMA

Point Lesson
褶子的縫法

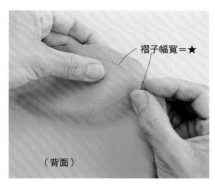

褶子幅寬＝★

（背面）

1 抓起褶子以珠針固定（褶子幅寬＝★）。

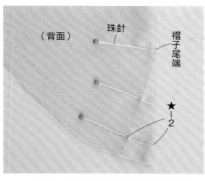

（背面）　珠針　褶子尾端

★2

2 分段抓起褶子以珠針固定至褶子尾端。

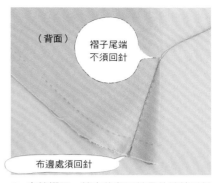

（背面）　褶子尾端不須回針

布邊處須回針

3 車縫褶子。縫完後留下較長的縫線以便之後打結。

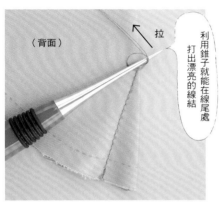

（背面）　拉

利用錐子就能在線尾處打出漂亮的線結

4 2條縫線一起打結，將錐子穿入圓圈中再拉緊。

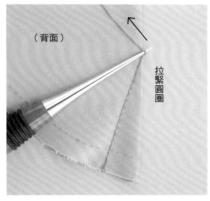

（背面）　拉緊圓圈

5 拉緊縫線等圓圈縮小後再抽出錐子。

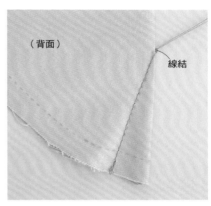

（背面）　線結

6 完成線結。

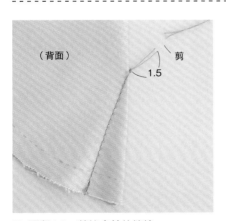

（背面）　剪

1.5

7 預留1.5cm剪掉多餘的縫線。

（背面）

8 以熨斗將縫份倒向一側。

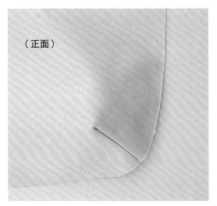

（正面）

9 正面的樣子。

材料

- A布（素色棉布　表主體・袋蓋・背繩・D形環吊耳）110×35cm
- B布（花朵圖案棉布　裡主體用）75×25cm
- 接著襯（Aurusumama　AM-W4　袋蓋用）50×20cm
- 接著鋪棉（MKM-1P　表主體用）55×25cm

- D形環（INAZUMA　AK-6-16S）1.6cm 2個
- 日字環（INAZUMA　AK-24-15S）1.5cm 1個
- 鉤釦（INAZUMA　AK-19-15S）1.5cm 2個

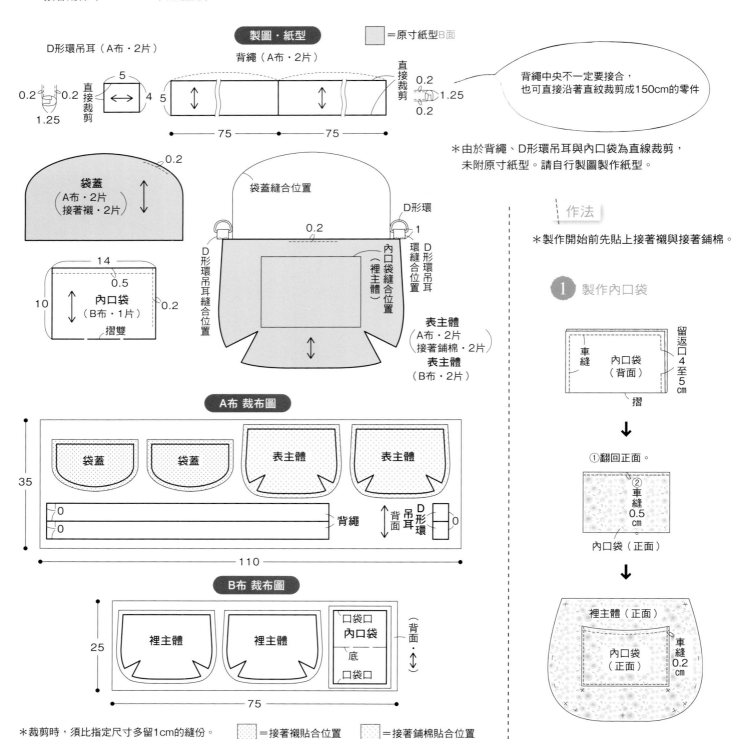

製圖・紙型　　　=原寸紙型B面

D形環吊耳（A布・2片）

背繩（A布・2片）

背繩中央不一定要接合，
也可直接沿著直紋裁剪成150cm的零件

＊由於背繩、D形環吊耳與內口袋為直線裁剪，
　未附原寸紙型。請自行製圖製作紙型。

袋蓋
（A布・2片
接著襯・2片）

袋蓋縫合位置

D形環

D形環吊耳縫合位置

內口袋縫合位置（裡主體）

D形環吊耳縫合位置

內口袋
（B布・1片）
摺雙

表主體
（A布・2片
接著鋪棉・2片）

表主體
（B布・2片）

作法

＊製作開始前先貼上接著襯與接著鋪棉。

① 製作內口袋

車縫　內口袋（背面）　留返口4至5cm

摺

①翻回正面。

②車縫0.5cm

內口袋（正面）

裡主體（正面）

內口袋（正面）

車縫0.2cm

A布 裁布圖

袋蓋　袋蓋　表主體　表主體

背繩

背面　背繩吊耳　D形環

B布 裁布圖

裡主體　裡主體　口袋口　內口袋　底　口袋口

背面

＊裁剪時，須比指定尺寸多留1cm的縫份。　　　=接著襯貼合位置　　　=接著鋪棉貼合位置

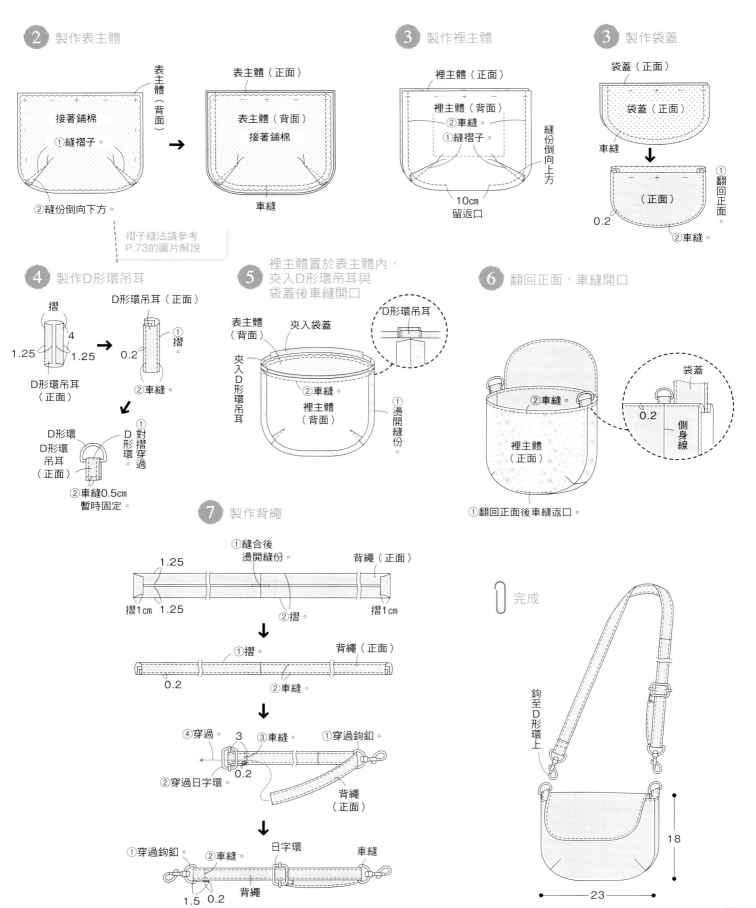

② 製作表主體

表主體（背面）

接著鋪棉

①縫褶子。

②縫份倒向下方。

表主體（正面）

表主體（背面）

接著鋪棉

車縫

褶子縫法請參考
P.73的圖片解說

③ 製作裡主體

裡主體（正面）

裡主體（背面）
②車縫。
①縫褶子。

縫份倒向上方

10cm
留返口

③ 製作袋蓋

袋蓋（正面）

袋蓋（正面）

車縫

（正面）
0.2

①翻回正面。
②車縫。

④ 製作D形環吊耳

摺

D形環吊耳（正面）

1.25   4   1.25

D形環吊耳
（正面）

①摺。
0.2
②車縫。

D形環
D形環
吊耳
（正面）

①對摺穿過
D形環

②車縫0.5cm
暫時固定。

⑤ 裡主體置於表主體內，夾入D形環吊耳與袋蓋後車縫開口

表主體
（背面）

夾入袋蓋

夾入D形環吊耳

②車縫。

裡主體
（背面）

①燙開縫份。

D形環吊耳

⑥ 翻回正面，車縫開口

②車縫。

裡主體
（正面）

①翻回正面後車縫返口。

袋蓋

0.2   側身線

⑦ 製作背繩

1.25
①縫合後燙開縫份。
背繩（正面）

摺1cm   1.25
②摺。
摺1cm

①摺。
背繩（正面）

0.2
②車縫。

④穿過   3   ③車縫。   ①穿過鉤釦。

②穿過日字環。
0.2

背繩
（正面）

①穿過鉤釦。   ②車縫。   日字環   車縫

背繩
1.5   0.2

完成

鉤至D形環上

18

23

75

43

裡袋使用
藍白格紋布。

拉鍊波奇包

拉鍊開關,超級方便使用的波奇包。
配合植物印花,選用靛藍色拉鍊,
也是整體設計的一部分。

作法■P.78

製作⋯酒井三菜子
布地(植物印花)⋯KOKKA(P44900-900A)
提把・D形環⋯INAZUMA

1 於指定安裝尺寸處進行回針縫。

車縫

約3至4cm

2 剪去多餘的拉鍊，需保留3至4cm。

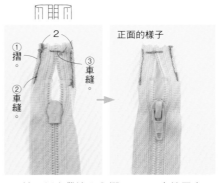

拉鍊（背面）

車縫

正面的樣子

①摺。
②車縫。
③車縫。
2

4 拉頭側布帶邊向內摺入2cm，車縫固定。

3 布帶尾端摺向拉鍊背面後車縫固定。

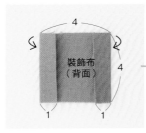

裝飾布（背面）

4
4
1
1

5 以熨斗燙摺裝飾布。

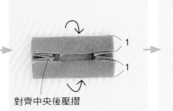

對齊中央後壓摺

1
1

摺
（正面）

車縫
0.2

6 以裝飾布包住拉頭側布端後車縫固定。

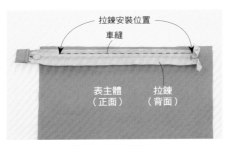

拉鍊安裝位置
車縫

表主體（正面）　拉鍊（背面）

7 車縫表主體的拉鍊安裝位置。

車縫

拉鍊安裝位置

表主體（背面）

8 車縫另一側拉鍊安裝位置。

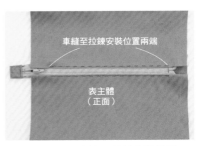

車縫至拉鍊安裝位置兩端

表主體（正面）

9 翻回正面，車縫至拉鍊安裝位置。

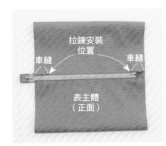

拉鍊安裝位置

車縫　　車縫

表主體（正面）

10 自拉鍊安裝位置車縫至布邊，須避免車縫到拉鍊。

略打開拉鍊，當作返口

車縫　表主體（背面）　車縫

11 車縫兩側。

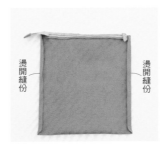

燙開縫份　　燙開縫份

12 以熨斗燙開縫份。

藏針縫

13 以藏針縫縫合開口縫份，須避免車縫到拉鍊。

43 拉鍊波奇包

A布 裁布圖

表主體

口袋

底部

0 6
4 4 4 裝飾布
吊耳

55

背面

55

材料

- A布（印花棉布　表主體‧口袋‧裝飾布‧吊耳用布）55×55cm
- B布（格紋棉布　裡主體）30×55cm
- 接著鋪棉（Aurusumama　MKM-1P　表主體用）30×55cm
- 拉鍊　40cm 2條
- 背帶（YAT-2612 #3050AK/IV）寬約1cm　長約120cm　1條
- D形環（INAZUMA AK-6-14 AG）1.4cm　2個
- ＊拉鍊使用可裁剪款式。

製圖　＝拉鍊安裝位置尾端

裝飾布

2
2 5 2 19 2
（自然垂下） ★

B布 裁布圖

裡主體

55

底部

30

背面

◻◻ ＝接著鋪棉貼合位置

＊裁剪時，須比指定尺寸
　多留1cm的縫份

裝飾布（A布‧各1片）
吊耳（A布‧各1片）

吊耳縫合位置
拉鍊開口 0.75
拉鍊開口 0.2
口袋
（A布‧1片）

6
4

直接裁剪

26

18

0.2 1

0.2
4

2 側身 側身 2
2 底部摺雙 2
23

拉鍊 接著鋪棉
A布 B布

表主體
（A布‧1片
接著鋪棉‧1片）
裡主體
（B布‧1片）

作法　＊製作開始前先貼上接著鋪棉。

1　製作口袋、縫合

口袋用拉鍊

23+2（縫份）

車縫

剪

拉鍊（正面）
車縫0.2cm 0.5
口袋（正面）
自記號處摺入
Z字形車縫（背面）

口袋（背面）
0.5 車縫
拉鍊（背面）
表主體（正面）

表主體（正面） ①反摺。
拉鍊（正面）
口袋（正面）
③車縫0.2cm。
②摺。

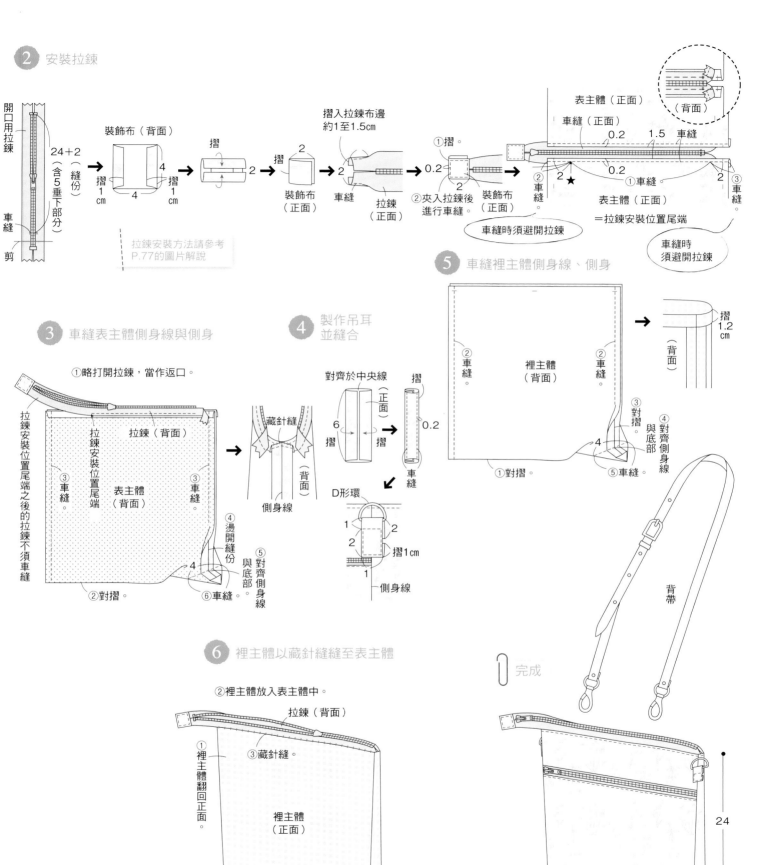

② 安裝拉鍊

開口用拉鍊

24+2（縫份）（含5垂下部分）

車縫

剪

裝飾布（背面）

摺1cm 4 摺1cm

4

摺 2

裝飾布（正面）

摺 2

車縫 拉鍊（正面）

摺入拉鍊布邊約1至1.5cm

①摺。 2

0.2

②夾入拉鍊後進行車縫 裝飾布（正面）

車縫時須避開拉鍊

①摺。

②車縫。 2 ★

①車縫。

表主體（正面）

車縫（正面）

0.2 1.5 車縫

0.2

表主體（正面）＝拉鍊安裝位置尾端

（背面）

2 ③車縫。

車縫時須避開拉鍊

拉鍊安裝方法請參考P.77的圖片解說

③ 車縫表主體側身線與側身

①略打開拉鍊，當作返口。

拉鍊（背面）

拉鍊安裝位置尾端

拉鍊安裝位置尾端之後的拉鍊不須車縫

③車縫。 表主體（背面） ③車縫。

②對摺。

④燙開縫份

⑤對齊側身線與底部

4 ⑥車縫

藏針縫

側身線

（背面）

④ 製作吊耳並縫合

對齊於中央線 摺

6 （正面）

摺 摺 0.2

車縫

D形環

1 2

2 摺1cm

1

側身線

⑤ 車縫裡主體側身線、側身

②車縫。 裡主體（背面） ②車縫。

①對摺。

摺1.2cm

（背面）

③對摺 4

④對齊側身線與底部

⑤車縫

背帶

⑥ 裡主體以藏針縫縫至表主體

②裡主體放入表主體中。

拉鍊（背面）

①裡主體翻回正面。 ③藏針縫。

裡主體（正面）

完成

24

19 4

44

裡袋選用可愛的
小碎花布。

後背包

使用條紋丹寧布作成的休閒風後背包。
只要使用市售後背包零件，
就能輕鬆作成正規的後背包。

作法■P.82

製作…吉田みか子
後背包零件…清原

兩用包

11號帆布兩用包。
獨特的設計，
可藉由提把鉤釦的位置，
當作單肩包或斜背包使用。

作法■**P.84**
製作…吉田みか子
布料（素面）・壓克力纖維布條
・D形環・鉤釦・釦環…清原

45

改變鉤釦的位置
就能變成單肩包。

P.80 44 後背包

材料

· A布（條紋丹寧布　表主體·表側身A·表側身B·口袋用）
　80×110cm
· B布（碎花棉布裡主體·裡側身A·內口袋·裡側身B用）
　80×90cm
· 接著襯（Aurusumama　AM-W4　表主體·側身A
　·側身B用）70×50cm 2片
· 雙開拉鍊　60cm 1條
· 磁釦　直徑1.5cm 1組
· 後背包零件（TG-091）1個

＊由於內口袋為直線裁剪，
　未附原寸紙型。
　請自行製圖製作紙型。

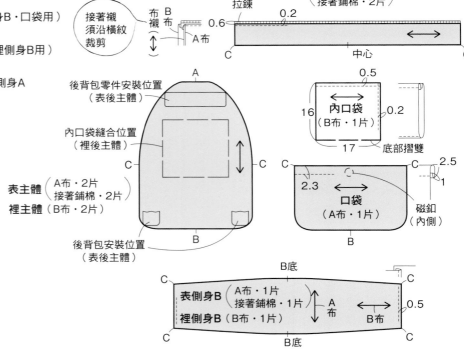

製圖·紙型　＝原寸紙型B面

表側身A
（A布·2片
接著鋪棉·2片）

裡側身A
（B布·2片）

內口袋
（B布·1片）

表主體（A布·2片　接著鋪棉·2片）
裡主體（B布·2片）

口袋
（A布·1片）

表側身B（A布·1片　接著鋪棉·1片）
裡側身B（B布·1片）

製圖·紙型
16　4
3.8
長95cm的背帶
4.4　5.4

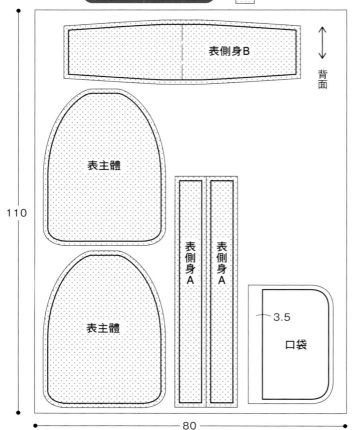

A布·接著襯 裁布圖　　＝接著襯貼合位置

表側身B

表主體

表主體

表側身A

表側身A

口袋　3.5

110

80

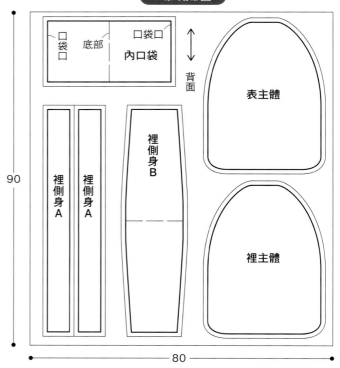

B布 裁布圖

口袋口　底部　口袋口
內口袋

裡側身A

裡側身A

裡側身B

表主體

裡主體

背面

90

80

＊裁剪時，須比指定尺寸多留1cm的縫份。

作法 ＊製作開始前先貼上接著襯。

1 製作口袋，縫至表主體上

①摺。
1
2.5
②三摺後進行車縫。
2.3
口袋（背面）
B

接著襯
A
表前主體（正面）
沿著縫份進行車縫
口袋（正面）
B

2 製作內口袋並接縫

②車縫。
內口袋（背面）
留返口
①摺。

①翻回正面。
②車縫0.5cm
內口袋（正面）

A
裡後主體（正面）
0.2
車縫
內口袋（正面）
B

3 側身A安裝拉鍊

①摺。
表側身A（正面）
C
C
0.2
③車縫
A
②間距1.2cm
拉鍊（正面）
A
C
表側身A（正面）
C

4 縫合側身A與側身B

表側身A（正面）
（正面）拉鍊
①車縫。
C
C
②縫份倒向B側
C
③車縫
0.5
0.5
C
③自正面車縫。
表側身B（背面）

5 縫合裡側身A與裡側身B

①摺。
裡側身A（背面）
②間距1.2cm
C
③車縫
⑤車縫
0.5
C
④縫份倒向裡側身B。
裡側身B（正面）
B
B

6 縫合表側身與表主體

打開拉鍊當作返口
表側身A（背面）
A
車縫
C
表前主體（背面）
C
車縫
B
表側身B（背面）

※裡主體與裡側身也比照車縫

7 表主體放入裡主體內，並以藏針縫縫至拉鍊布帶上

裡側身A（正面）
藏針縫
裡前主體（正面）
裡側身B（正面）

8 安裝後背包零件

＊打開拉鍊作業

車縫
表後主體（正面）

沿著車縫孔以回針縫進行車縫

表主體內側磁釦（凹）
40
口袋內側背面磁釦（凸）
側身14cm
30

完成

9 安裝磁釦

（線縫款 1組）
磁釦（正面）
凹
凸

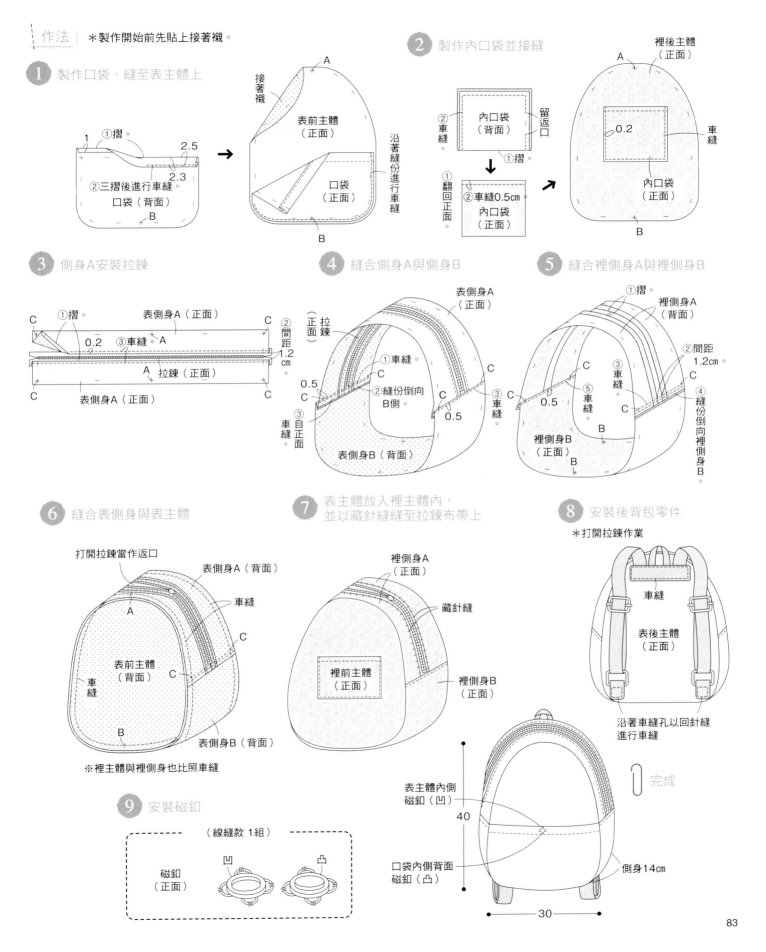

P.81 45 兩用包

材料

・A布（11號帆布　表主體・
　A・B・C吊耳用）90×60cm
・B布（條紋棉布　裡主體用）90×45cm
・接著襯（Aurusumama　AM-W4　表主體用）
　90×45cm
・拉鍊 60cm 1條
・背繩（MZ230）3cm 寬120cm

・D形環（SUN10-103　AG）3cm寬5個
・釦環（SUN13-139AG）3cm 1個
・鉤釦（SUN13-56AG）3cm 2個
＊購買較長的拉鍊後再自行裁剪成指定程度。

＊由於吊耳A・B・C
　為直線裁剪，
　未附原寸紙型。
　請自行製圖製作紙型。

製圖・紙型

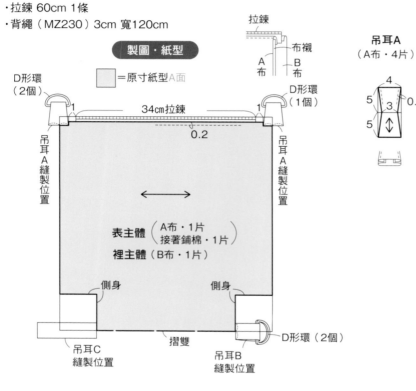

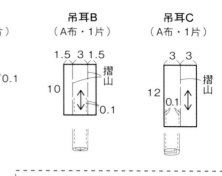

吊耳A（A布・4片）
吊耳B（A布・1片）
吊耳C（A布・1片）

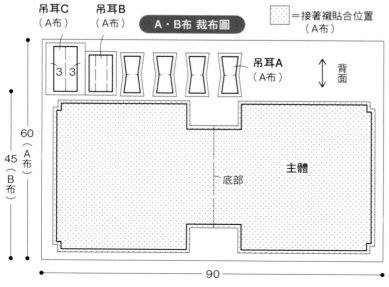

A・B布 裁布圖

＝接著襯貼合位置（A布）

＊裁剪時，須比指定尺寸多留1cm的縫份。

作法　＊製作開始前先貼上接著襯。

1　製作吊耳

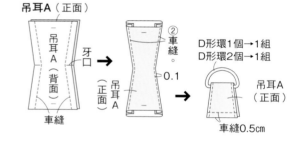

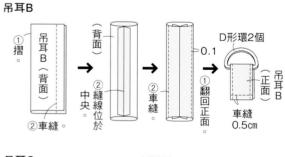

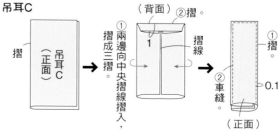

84

② 安裝拉鍊

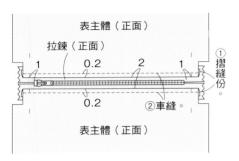

表主體（正面）
拉鍊（正面）
1　0.2　2　1
①摺縫份。
0.2　②車縫。
表主體（正面）

② 縫合吊耳A・B・C

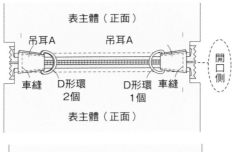

表主體（正面）
吊耳A　吊耳A
車縫　D形環2個　D形環1個　車縫
開口側
表主體（正面）

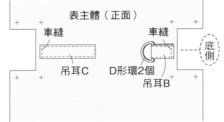

表主體（正面）
車縫　車縫
吊耳C　D形環2個　底側
吊耳B

③ 車縫表主體側身線與側身

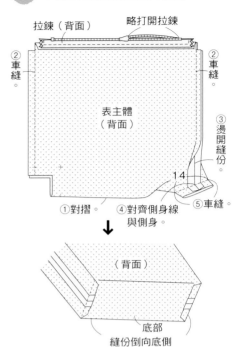

拉鍊（背面）　略打開拉鍊
②車縫。　②車縫。
表主體（背面）
③燙開縫份。
①對摺　④對齊側身線與側身。　14　⑤車縫。
（背面）
底部
縫份倒向底側

④ 車縫開口側的側身

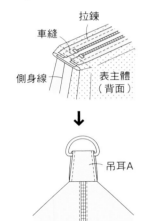

拉鍊
車縫
側身線　表主體（背面）
吊耳A

⑤ 車縫裡主體側身線與側身

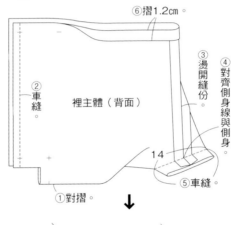

⑥摺1.2cm。
②車縫。
裡主體（背面）
③燙開縫份。
④對齊側身線與側身。
14　⑤車縫。
①對摺。

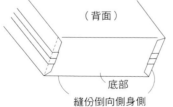

（背面）
底部
縫份倒向側身側

⑥ 以藏針縫縫合裡主體於表主體

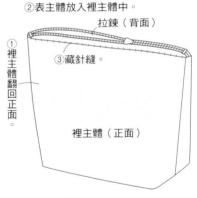

②表主體放入裡主體中。
拉鍊（背面）
①裡主體翻回正面。　③藏針縫。
裡主體（正面）

D形環2個　D形環1個

⑦ 製作背繩

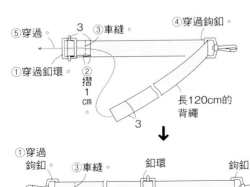

⑤穿過。　3　③車縫。　④穿過鉤釦。
①穿過釦環　②摺1cm。　長120cm的背繩
3
①穿過鉤釦　③車縫。　釦環　鉤釦
2　②摺1cm

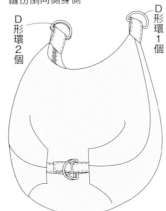

D形環2個　D形環1個

完成

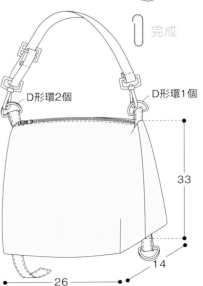

D形環2個　D形環1個
33
14　26

Point Lesson

配件---善用包包製作用現成金屬零件、背繩等附屬材料，除了方便好用之外，成品也能更接近市售正規版的質感。

金屬零件背繩的製作方法

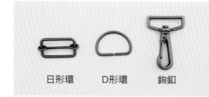

日形環　　D形環　　鉤釦

（正面）

1　將壓克力纖維布條穿過日形環。

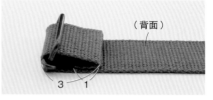

（背面）

2　摺入帶頭。

車縫　　（背面）

3　車縫。

（正面）　　鉤釦

4　將壓克力纖維布條穿過鉤釦。

日形環

5　再次將壓克力纖維布條穿過鉤釦。

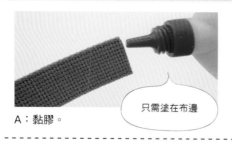

（背面）

6　將其中一側穿過鉤釦並摺入帶頭。

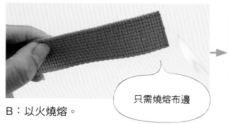

車縫

7　車縫。

完成

壓克力纖維布條的處理方法---壓克力纖維布條需採用下面A或B的方法處理，以避免脫線---

只需塗在布邊

A：黏膠。

只需燒熔布邊

B：以火燒熔。

完成後以熨斗壓整。

配件

背繩／附調整金屬環的背繩。兩端的鉤釦方便拆卸。

提把／挑選手握感佳的尺寸，使用起來較舒適。

口金／只要穿入口金就能確保開口的形狀。

口金／有圓形與角形等多種款式。

磁釦／帶有磁鐵的線縫式釦。

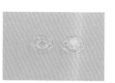

塑膠按釦／可以搭配任何布料的透明塑膠按釦。

底板---置於袋底除了可撐起包包的形狀，也比較方便拿取物品。

底板／厚質塑膠板。有白與黑2種。

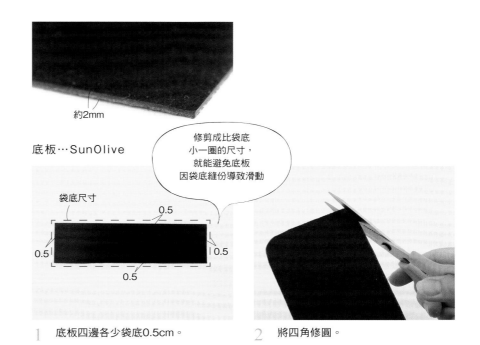

約2mm

底板⋯SunOlive

修剪成比袋底小一圈的尺寸，就能避免底板因袋底縫份導致滑動

袋底尺寸

0.5

0.5

0.5

0.5

1　底板四邊各少袋底0.5cm。

2　將四角修圓。

3　修剪完的樣子。

4　貼上雙面膠。

5　撕開剝離紙。

6　貼於袋底。

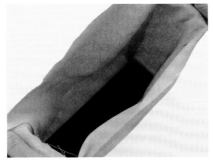

7　完成的樣子。

8　外側模樣。

32·33 扁平形手提包

No.32 材料
- A布（棉刺子織 表主體用）40×80cm
- B布（格紋棉布 裡主體·內口袋用）55×80cm
- 接著襯（Aurusumama AM-W4 表主體用）80×40cm
- 壓克力纖維布條 4.5cm寬100cm

No.33 材料
- A布（棉刺子織 表主體用）80×40cm
- B布（格紋棉布 裡主體·內口袋用）80×55cm
- 接著襯（Aurusumama AM-W4 表主體用）80×40cm
- 壓克力纖維布條 4.5cm寬100cm

作法　＊製作開始前先貼上接著襯。

1 製作內口袋，與裡主體縫合

2 對齊表主體與裡主體，車縫開口

3 自底線反摺，車縫兩側

4 翻回正面，車縫返口

5 製作提把

6 縫合提把

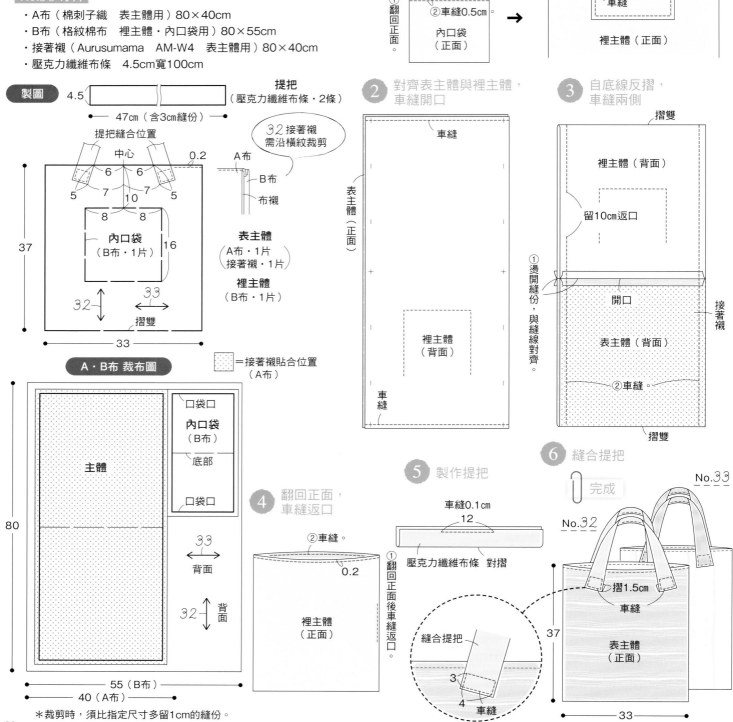

製圖
提把（壓克力纖維布條·2條）
47cm（含3cm縫份）

提把縫合位置
中心
內口袋（B布·1片）

表主體（A布·1片 接著襯·1片）
裡主體（B布·1片）

32 接著襯需沿橫紋裁剪

A·B布 裁布圖
口袋口 內口袋（B布）底部 口袋口
主體
55（B布）
40（A布）

＝接著襯貼合位置（A布）

車縫0.1cm　12　壓克力纖維布條 對摺

完成　No.33　No.32
摺1.5cm　車縫　表主體（正面）

＊裁剪時，須比指定尺寸多留1cm的縫份。

材料

- A布（條紋棉布　表主體・提把A用）50×65cm
- B布（素色棉布　裡主體・拼接布・內口袋・提把B用）
  75×80cm
- 接著襯（Aurusumama　AM-W4　表主體用）
  70×65cm

提把A（A布・2片）　直接裁剪
1.5
3　0.2　←→
1.5
42

提把B（B布・2片）　直接裁剪
1.2
2.4　0.2　←→
1.2
42

作法　＊製作開始前先貼上接著襯。

製圖

表主體（A布・1片／接著襯・1片）
裡主體（B布・1片）　拼接布（B布・2片／接著襯・2片）

提把縫合位置
中心
6　6
10　0.2　8
B布
布襯
A布

8　8
內口袋
（B布・1片）　16
37
底部摺雙
底部摺雙
33

A布 裁布圖
=接著襯貼合位置
背面
表主體　提把A
65
50　0

B布 裁布圖
裡主體　口袋口　內口袋　底部
底部　口袋口
提把B
背面
80　拼接布　拼接布
75　0

＊裁剪時，須比指定尺寸多留1cm的縫份。

1 車縫表主體的銜接線

①車縫。　拼接布（正面）
車縫0.2cm　表主體（正面）
接著襯

2 製作提把

提把A（正面）
摺　3
接著襯　摺

①摺。　0.2
提把A（正面）　布襯
②重疊。　③車縫。　提把B（正面）

3 對齊表主體與裡主體，車縫開口

車縫
夾入提把
表主體（正面）
裡主體（背面）
＊內口袋製作方法請參考P.50
車縫
提把A（正面）

4 自底線反摺，車縫兩側

摺雙
表主體（背面）
留10cm返口
①燙開縫份，對齊開口縫線。
開口
表主體（背面）
②車縫。
摺雙

5 翻回正面，返口進行藏針縫

②車縫。
0.2
裡主體（正面）
①翻回正面，車縫返口。

完成
37
33

Point Lesson
提把的製作方法

提把A…提把寬×4倍（摺4褶）：適合任何素材的製作方法

提把寬＝☆

提把（背面）

（背面）

（正面）

（正面）

對齊於中央摺線

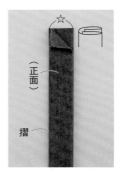

（正面）

摺

（正面）

車縫

1 準備4倍提把寬的布料。

2 布對摺。

3 兩側向內對齊於中央摺線。

4 再對摺。

5 車縫布邊。

提把B…提把寬×3倍（縫線位於中央）：
不容易翻回正面，所以較不適合丹寧布等厚布

車縫後寬幅固定，不再錯位

提把寬＝☆

2 2 ☆ 2 2

提把（背面）

☆ 2

（背面）

車縫

摺

車縫

縫線位於中央

（正面）

（正面）

拆線

☆

車縫

1 準備3倍提把寬的布。

2 對摺後進行車縫。

3 將縫份中線調整至中央位置，將一端車縫固定（之後須拆線故不須進行回針縫）。

4 利用筷子工具將提把翻回正面。

5 以錐子拆掉縫線。

6 車縫布邊。

提把C…提把寬×2倍（使用2片提把合併而成）：具有設計性的製作方法

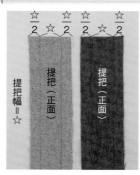

☆ 2 ☆ 2 2 ☆ 2

提把幅＝☆

提把（正面）

提把（正面）

☆ ☆

摺 摺

車縫

☆

（正面）

1 準備2倍提把寬的布。

2 對齊於中央線。

3 2片提把重疊，車縫。

4 反側的樣子。

提把須加貼接著襯時

接著面

接著面

A：部分的

只貼於提把的一部分，加強提把的強度。

B：全面

因為整面貼附，所以提把的強度比A強。

Point Lesson
三角側身

三角側身A---若想避免一般厚～厚質布料縫份太厚時，請選擇側身無多餘縫份的製作方法。

1 標註記號。

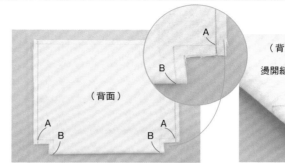

2 袋底朝向操作者，往上對摺，車縫兩側身線。

3 以熨斗燙開縫份，對齊側身線A與袋底B後以珠針固定。

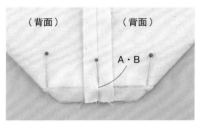

4 側身的兩角處也須以珠針固定。

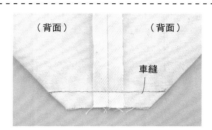

5 車縫記號線。

6 側面的樣子。

三角側身B---若是薄～一般厚等容易脫線的布料或是小側身等，須將縫份沿著側身線固定。

1 標註記號。

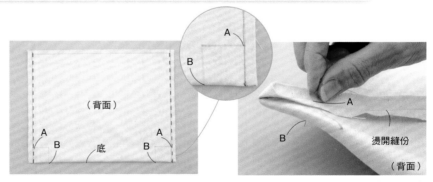

2 袋底朝向自己，正面在內側往上對摺，車縫兩側身線。

3 以熨斗燙開縫份，以珠針固定側身線A與袋底B。

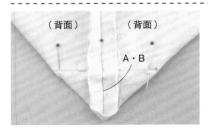

4 側身的兩角處也須以珠針固定。

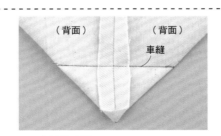

5 車縫記號線。

6 側面的樣子。

P.17 16 束口包

材料

- A布（碎花棉布　表主體A用）
  55×90cm
- B布（竹籃圖案棉布　表主體B用）
  80×20cm
- C布（條紋棉布　裡主體用）
  40×70cm　**穿繩方法**

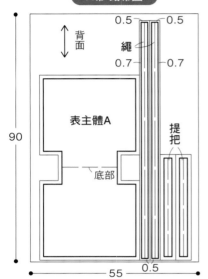
打結

製圖

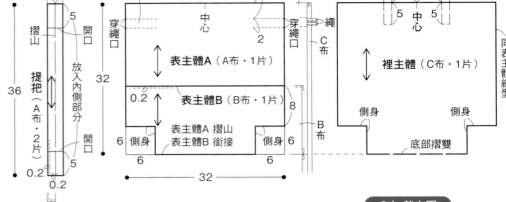

穿2條繩
穿繩口
中心
3
2
表主體A（A布・1片）
0.2
表主體B（B布・1片）
表主體A 摺山
表主體B 銜接
側身 6　側身 6
6　6
32

1.5 1.5
摺山
開口
提把（A布・2片）
放入內側部分
開口
36
32
0.2
8
0.2
0.2

A布
繩
穿繩口
C布
B布

提把縫合位置
5 5
5 中心 5
裡主體（C布・1片）
同表主體紙型
側身　側身
底部摺雙

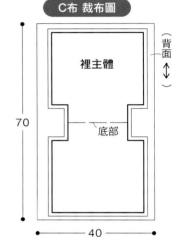

0.7　（↔）　繩（A布・2片）　0.2
0.7　摺山　85　0.2

＊裁剪時，須比指定尺寸多留1cm的縫份。

A布 裁布圖

0.5　0.5
0.5　0.7
背面　繩
0.7
表主體A
提把
90
底部
55　0.5

B布 裁布圖

表主體B　表主體B
20
80
背面

C布 裁布圖

裡主體
70
底部
40
背面

作法

1 製作表主體B

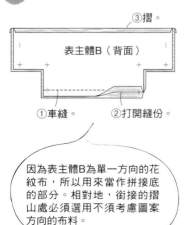

③摺。
表主體B（背面）
①車縫。　②打開縫份。

因為表主體B為單一方向的花紋布，所以用來當作拼接底的部分。相對地，銜接的摺山處必須選用不須考慮圖案方向的布料。

2 銜接表主體B與A

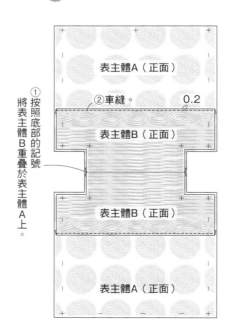

表主體A（正面）
②車縫。　0.2
表主體B（正面）
表主體B（正面）
表主體A（正面）
①按照底部的記號將表主體B重疊於表主體A上。

3 疊合表主體與裡主體並車縫開口

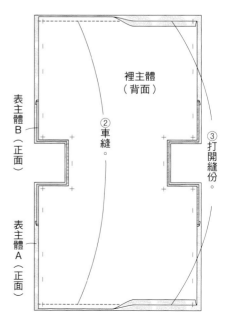

裡主體（背面）
表主體B（正面）
②車縫
③打開縫份
表主體A（正面）

92

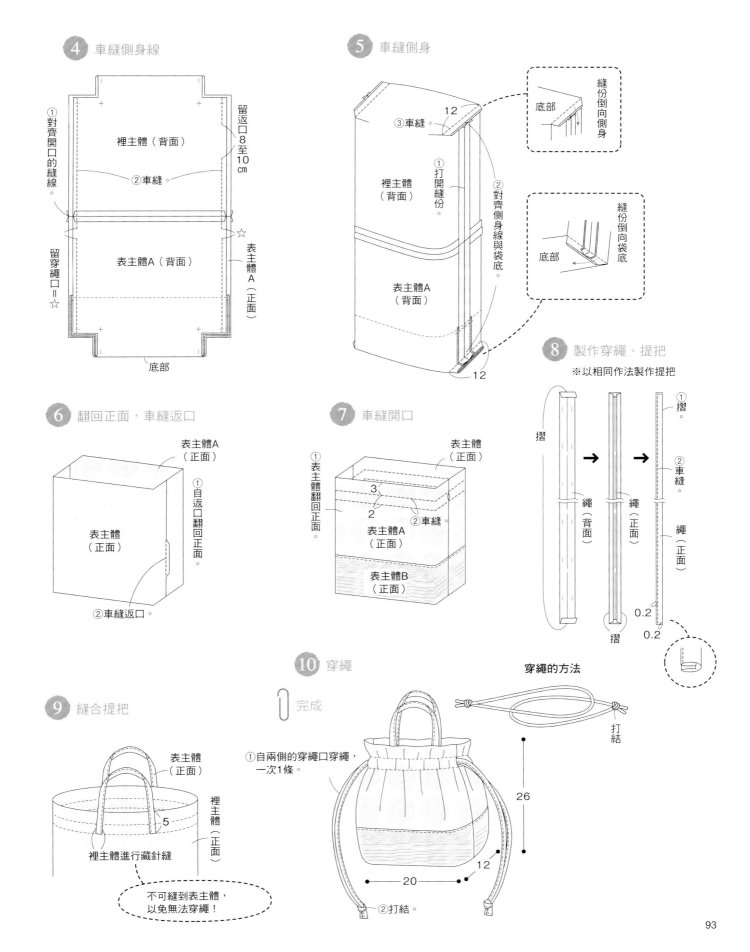

4 車縫側身線

① 對齊開口的縫線。

裡主體（背面）

② 車縫。

留返口 8 至 10 cm

表主體A（背面）

表主體 A（正面）

留穿繩口＝☆

☆

底部

5 車縫側身

③ 車縫 12

底部 縫份倒向側身

裡主體（背面）

① 打開縫份。

② 對齊側身線與袋底

表主體A（背面）

底部 縫份倒向袋底

12

8 製作穿繩、提把

※以相同作法製作提把

摺

繩（背面）

繩（正面）

① 摺。

② 車縫。

繩（正面）

摺

0.2

0.2

6 翻回正面，車縫返口

表主體A（正面）

① 自返口翻回正面。

表主體（正面）

② 車縫返口。

7 車縫開口

表主體（正面）

① 表主體翻回正面。

3
2
② 車縫

表主體A（正面）

表主體B（正面）

9 縫合提把

表主體（正面）

5

裡主體（正面）

裡主體進行藏針縫

不可縫到表主體，以免無法穿繩！

10 穿繩

完成

① 自兩側的穿繩口穿繩，一次1條。

穿繩的方法

打結

26

② 打結。

12

20

P.36 28 袋中袋

材料

- A布（素色棉布　表主體・提把・袋蓋用）80×45cm
- B布（花圖案棉布　外口袋用）35×35cm
- C布（條紋棉布　裡主體・內口袋用）65×45cm
- 接著襯（Aurusumama　AM-W4　表主體・提把用）
  50×45cm

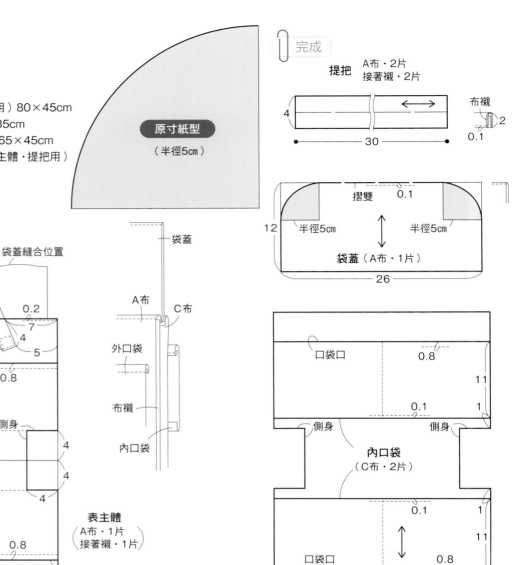

原寸紙型
（半徑5cm）

完成

提把　A布・2片
　　　接著襯・2片

布襯 2
0.1

30
4

摺雙 0.1

12　半徑5cm　　半徑5cm

袋蓋（A布・1片）
26

製圖

袋蓋縫合位置

提把縫合位置＝☆

7　中心　0.2
4　　7
5　　6　1.5　4
　　　　　　5

口袋口　0.8

20

側身　　側身
4　　　　　4
4　　底部　　4
4　　　　　4

20

口袋口　0.8

6　　　0.2

☆

28

袋蓋
A布
C布
外口袋
布襯
內口袋

表主體
（A布・1片
接著襯・1片）

外口袋
（B布・1片）

口袋口　0.8
0.1　　1
11

側身　　側身
0.1　　1
內口袋
（C布・2片）
0.1　　1
11

口袋口　0.8

同表主體紙型　　裡主體（C布・1片）

A布 裁布圖

45

袋蓋　表主體
底部
提把
2
2

背面

80

B布 裁布圖

35

（背面）

2　外口袋
底部
2
2

35

＊裁剪時，須比指定尺寸
多留1cm的縫份。

▨＝接著襯貼合位置

C布 裁布圖

45

2　內口袋　裡主體
2　內口袋　底部

背面

65

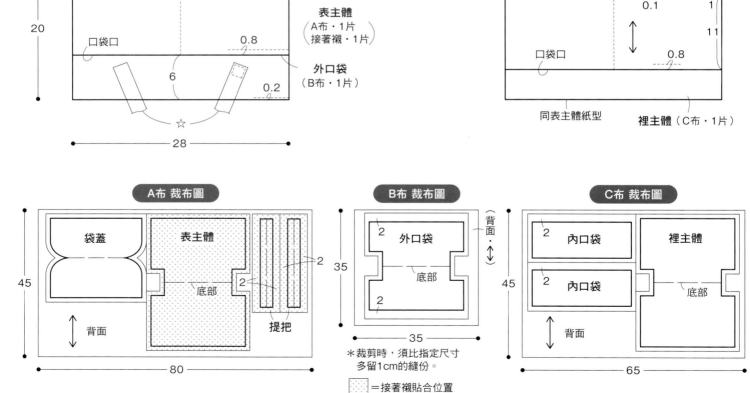

作法 ＊製作開始前先貼上接著襯。

1 製作外口袋，與表主體縫合

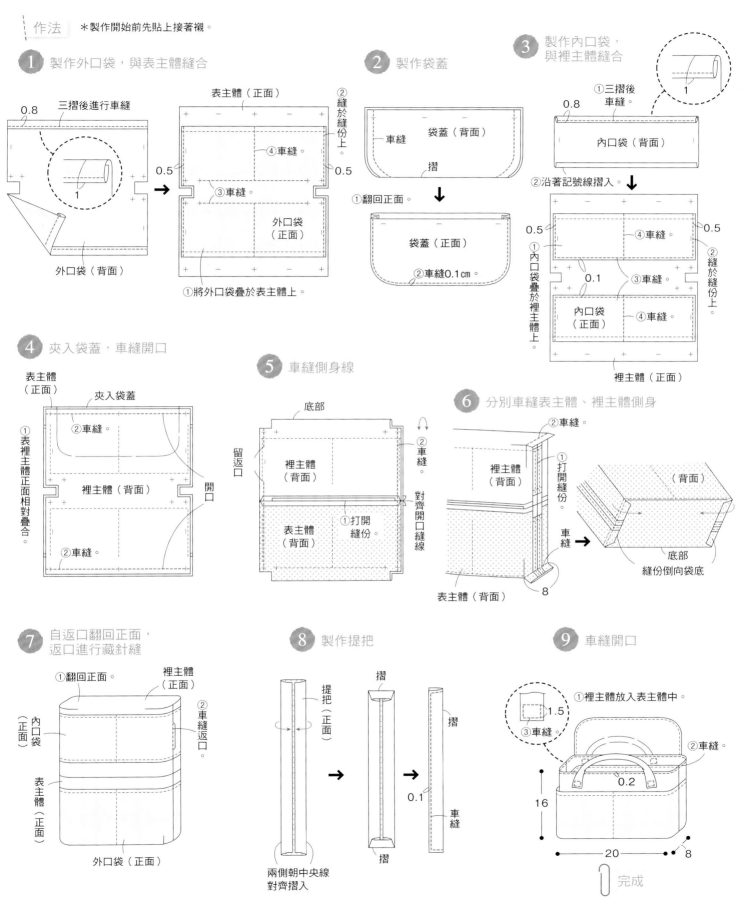

三摺後進行車縫
0.8
外口袋（背面）

表主體（正面）
②縫於縫份上。
0.5
④車縫。
0.5
③車縫。
外口袋（正面）
①將外口袋疊於表主體上。

2 製作袋蓋

車縫
袋蓋（背面）
摺
①翻回正面。

袋蓋（正面）
②車縫0.1㎝。

3 製作內口袋，與裡主體縫合

①三摺後車縫。
0.8
1
內口袋（背面）
②沿著記號線摺入。

0.5
④車縫。
0.5
①內口袋疊於裡主體上。
0.1
③車縫。
②縫於縫份上。
內口袋（正面）
④車縫。
裡主體（正面）

4 夾入袋蓋，車縫開口

表主體（正面）
夾入袋蓋
②車縫。
①表裡主體正面相對疊合。
裡主體（背面）
開口
②車縫。

5 車縫側身線

底部
留返口
裡主體（背面）
②車縫。
②車縫。
對齊開口縫線
①打開縫份。
表主體（背面）

6 分別車縫表主體、裡主體側身

②車縫。
裡主體（背面）
①打開縫份。
車縫
表主體（背面）
8
（背面）
底部
縫份倒向袋底

7 自返口翻回正面，返口進行藏針縫

①翻回正面。
裡主體（正面）
②車縫返口。
內口袋（正面）
表主體（正面）
外口袋（正面）

8 製作提把

提把（正面）
摺
摺
0.1
車縫
兩側朝中央線對齊摺入

9 車縫開口

1.5
③車縫。
①裡主體放入表主體中。
②車縫。
0.2
16
20
8
完成

95

製圖・裁剪・標記號的方法

製圖記號

- ●本書製圖中不含縫份。請參照作法頁中的指示自行加入縫份後再裁剪。
- ●本書標示之材料量皆為最少用量。

完成線（粗線）	參照線（細線）	對摺摺山線	打褶的摺法記號		同寸法
			b a → b a		
布紋方向線	拉鍊	摺山線	摺山線		磁釦	按釦
← →		— — —	須車縫處以粗虛線表示	已車縫處以細虛線表示	○	+

※布紋方向線……

布料的方向

縱紋…織布經線方向。伸展性較差。
橫紋…織布緯線方向。伸展性較佳。
斜紋…採45°。伸展性最佳，多用來製成包裹小包包布邊的包邊條等。

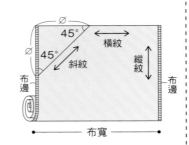

修正布紋歪斜的方法

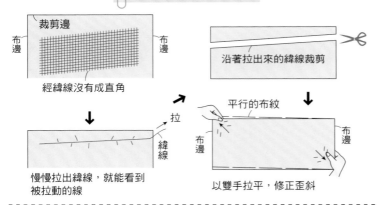

經緯線沒有成直角

慢慢拉出緯線，就能看到被拉動的線

沿著拉出來的緯線裁剪

以雙手拉平，修正歪斜

製圖

完成線為粗線。當底側為摺山時，布料是連續的，且另一側為對稱的。

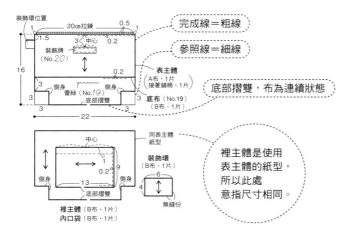

完成線＝粗線
參照線＝細線
底部摺雙，布為連續狀態

裡主體是使用表主體的紙型，所以此處意指尺寸相同。

裁法

可以使用原寸紙型，或是直接在布料背面畫線裁剪。雖然兩種方法都可以，但因為在製作過程中會有需要確認形狀、尺寸和安裝位置等的時候所以先作好紙型會比較方便。

●使用原寸紙型

以描圖紙作成含縫份的紙型。將紙型置於布料上，以珠針固定後再進行裁剪。

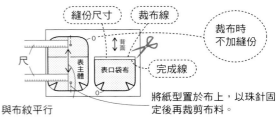

縫份尺寸　裁布線
裁布時不加縫份
完成線
與布紋平行
將紙型置於布上，以珠針固定後再裁剪布料。

●直接畫線

參照製圖與裁布圖直接在布料背面用記號筆等繪製完成線與縫份線，再沿著縫份線裁布。

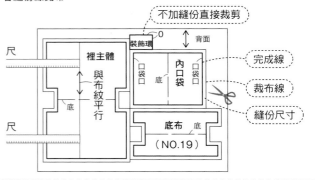

不加縫份直接裁剪
完成線
裁布線
縫份尺寸

標記號方法

口袋、提把安裝位置等，須在製作前先於布料上標註記號。

●以記號筆標註

沿著完成線剪下紙型的縫份，在沿著完成線標註記號。

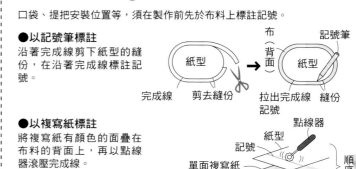

完成線　剪去縫份
拉出完成線記號

●以複寫紙標註

將複寫紙有顏色的面疊在布料的背面上，再以點線器滾壓完成線。

【FUN手作】127

基礎超圖解！初學者必備的手作包聖典
一次學會手作包・波奇包・布小物・縫拉鍊的實用技法

授　　　權／BOUTIQUE-SHA
譯　　　者／劉好殊
發 行 人／詹慶和
總 編 輯／蔡麗玲
執行編輯／黃璟安
編　　　輯／蔡毓玲・劉蕙寧・陳姿伶・李宛真・陳昕儀
執行美編／周盈汝
美術編輯／陳麗娜・韓欣恬
排　　　版／造極彩色印刷製版
出 版 者／雅書堂文化事業有限公司
發 行 者／雅書堂文化事業有限公司
郵政劃撥帳號／18225950
郵政劃撥戶名／雅書堂文化事業有限公司
地　　　址／220新北市板橋區板新路206號3樓
電　　　話／(02)8952-4078
傳　　　真／(02)8952-4084
網　　　址／www.elegantbooks.com.tw
電子郵件／elegant.books@msa.hinet.net

2018年9月初版一刷　定價450元

Lady Boutique Series No.4482
Komono Zukuri no Kiso Note Bag,Pouch,Nuno Komono
Copyright © 2017 Boutique-sha,Inc.
All rights reserved.
Original Japanese edition published in Japan by BOUTIQUE-SHA.
Chinese（in complex character）translation rights arranged with BOUTIQUE-SHA
through Keio Cultural Enterprise Co.,Ltd.,New Taipei City,Taiwan.

經銷／易可數位行銷股份有限公司
地址／新北市新店區寶橋路235巷6弄3號5樓
電話／(02)8911-0825
傳真／(02)8911-0801

staff

編輯／和田尚子、關口恭子、鈴木慶子
作法校對／松岡陽子
攝影／山本倫子、腰塚良彥、藤田律子
裝幀設計／紫垣和江、牧陽子
插畫／小崎珠美
紙型／宮路睦子

國家圖書館出版品預行編目資料

基礎超圖解!初學者必備的手作包聖典：一次學會手
作包.波奇包.布小物.縫拉鍊的實用技法 / BOUTIQUE-
SHA著；劉好殊譯. -- 初版. -- 新北市：雅書堂文化，
2018.09
　　面；　公分. --（FUN手作；127）
ISBN 978-986-302-447-7(平裝)
1.手提袋 2.手工藝

426.7　　　　　　　　　　　　　　　107014184

簡單俐落的塞入式口金特選！

新手ＯＫ的口金包最強工具書。
收錄各種造型包款＆功能設計，
為你提供最豐富多樣的手作提案。

◎Fun手作 87   ◎Fun手作 114